JN164787

岩波科学ライブラリー 271

サンプリングって何だろう

統計を使って全体を知る方法

廣瀬雅代
稲垣佑典
深谷肇一

岩波書店

SCIENCE

まえがき

近頃，ビッグデータや人工知能といった言葉を耳にする機会がずいぶん多くなりました．計測機器やネットワークの発達によって世界のあらゆるところでさまざまなデータが大量に得られるようになるとともに，これを利用して強力な推論や意思決定を行う情報技術が実現することで，私たちの社会は大きな変化を迎えつつあるようです．

言うまでもなく，データは，科学技術の発展や社会的な問題解決において常に重要な役割を果たしてきたものです．しかしながら，データを適切に収集・分析することの重要性は，多くの情報にあふれる現代だからこそ以前にも増して大きくなっていると言えるでしょう．実際，わが国の初等・中等教育の規準を定める学習指導要領においても，最近の改訂ではデータを扱う統計学の教育を充実化する方向性が示されています．さらに大学においてもわが国初のデータサイエンス学部が新設されるという大きな動きがありました．

この急速な流れの中では見落とされがちですが，データは手当たり次第に集めておけばよいというものではありません．たとえば，目的に照らして適切とは言えない方法でデータを集めてしまうと，まったく見当違いの結論が導かれてしまうこともあるでしょう．また，データを集めるための予算や資源が限られている場合には，効率的にデータを収集しなくてはいけません．

では，データはいったいどのように収集すべきなのでしょうか？ この問題に解決の指針を与えるのが本書の主題である「サンプリング」です．冒頭に挙げたキーワードと比べると，ニュースなどで耳にする機会は決して多くないかもしれません．しかしサンプリングは，統計学の理論的な裏付けがあり，さまざまな場面で活躍している縁の下の力持ちです．本書では，この「サンプリング」にスポットライトを当てて，その基本的な考え方や応用例を見ていきたいと思います．

本書の著者が所属する統計数理研究所では，子どもたちやそのご家族の方々に楽しく統計学にふれていただく機会として，「子ども見学デー」というイベントを毎年秋に開いています（http://www.ism.ac.jp/events/kodomo/index.html）．その中で，サンプリングを実際に体験し，その背景にある考え方や面白さをわかってもらえたらと思い，「BB 弾サンプリング実験」という出し物を行っています．本文でも改めて説明されますが，この出し物では多数の BB 弾（プラスチック製の小さな玉）が入った水槽が用意されています．この水槽から決められた数の BB 弾を子どもたちにすくってもらい，その中にある黒玉の数を数えてもらうことでその割合を計算し，水槽の中にある黒玉の数を当ててもらうのです．これまでに多くの子どもたちが実験に参加してくれました．

イベントには本書の著者も参加して，子どもたちのサンプリングをサポートしたり簡単な解説を行ったりしました．しかし，サンプリングについて，その場で多くのことを説明するのはなかなか難しいものです．そこで，参加してくれた子どもたちの保護者の方々に向けて，イベント後に BB 弾サンプリング実験に関する短い解説文を執筆して公開していました．この解説文が本書を執筆するきっかけになっています．

本書では，以下の3つの章を通してサンプリングの基礎と応用を解説します．第1章(廣瀬が担当)では，BB弾サンプリング実験を題材としてサンプリングに関わる基本的な考え方を説明するとともに，サンプリングの背景に隠された，初歩的な統計的理論について解説します．これに続く2つの章では，サンプリングが実際にどのような場面で活かされているのか，より現実的な例を通して説明していきます．第2章(稲垣が担当)では社会の特徴を浮き彫りにするための「社会調査」を取り上げます．そこでは標本調査における基本的な無作為抽出法の技法を解説するとともに，統計数理研究所が実施している「日本人の国民性調査」のサンプリング手続きについても紹介します．第3章(深谷が担当)では生物の集団の実態を明らかにすることを目的とした「生態調査」を話題とし，野外では見つけることが難しい生物の数を調べるために，サンプリングの考え方がどのように応用されるかを説明します．各章は互いに独立に読めるように書かれていますので，興味のある章から順番に読み進めていっても構いません．

BB弾サンプリング実験は本書を構成する縦糸です．サンプリングの基本概念を解説する第1章だけでなく，現実問題に対するサンプリングの応用が話題となる第2章と第3章でも，たびたびこの実験になぞらえた説明が出てきます．BB弾サンプリング実験は子ども向けのものなので内容は単純ではありますが，それゆえにサンプリングの基本的な概念を理解するにはうってつけであるとも言えます．本書を初歩的な統計学の副読本としても役立てられるよう，大学生や一般の方はもちろん中高生でも読める内容を心がけました．

最後に，統計数理研究所には子ども見学デーでも活躍している公式マスコットキャラクター(博士風のトースターと犬っぽいスタッツ)がいます．せっかくですので，この本では，ところどころで彼らにも登場してもらうことにしました．ここでみなさんに紹介しておきたいと思います．

トースター　スタッツ

目　次

まえがき

第 1 章　サンプリングの有用性
——その科学的根拠 ……………………………1

水槽内にある BB 弾の黒玉の数／BB 弾サンプリング／非復元単純無作為抽出法／だいたい同じとは？／BB 弾サンプリング実験／BB 弾サンプリング実験データの視覚化／サンプルサイズによる推定精度の変化／大数の法則／中心極限定理／実践面でのサンプリングの問題／おわりに

コラム◉非復元単純無作為抽出法と
復元単純無作為抽出法の違い　13
コラム◉Σの意味　19
コラム◉連続性補正法　25

第 2 章　世の中の動向を捉える
——社会調査とサンプリング ……………………31

社会調査とは何か？／適切な調査対象を選ぶことが重要／実際に誰を調査するのか？／BB 弾サンプリング実験を社会調査に置き換えて考えてみる／有意抽出法と無作為抽出法／社会調査における単純無作為抽出法／社会調査の現場で用いられているサンプリング法／社会調査の現状と直面している困難／おわりに

コラム◉サンプル数とサンプルサイズの違い　41
コラム◉日本人の“家”意識の変化　59

第3章　生物を数える
——生態調査におけるサンプリング……………………69

すべてを数えるのは難しい／捕獲再捕獲法／個体数推定の仕組み／背景にある前提／綿密な計画が必要な野外調査／さまざまな捕獲再捕獲法／生態調査と社会調査／個体数推定のためのサンプリング法／おわりに

コラム◉野生生物を守る法律　78
コラム◉リンカーン-ペテルセン推定量は捕獲再捕獲法の出発点　90
コラム◉調査区画のサンプリング　95

もっと深く学びたい人に向けて——文献案内　99

あとがき　105

イラスト＝川野郁代

第1章

サンプリングの有用性
その科学的根拠

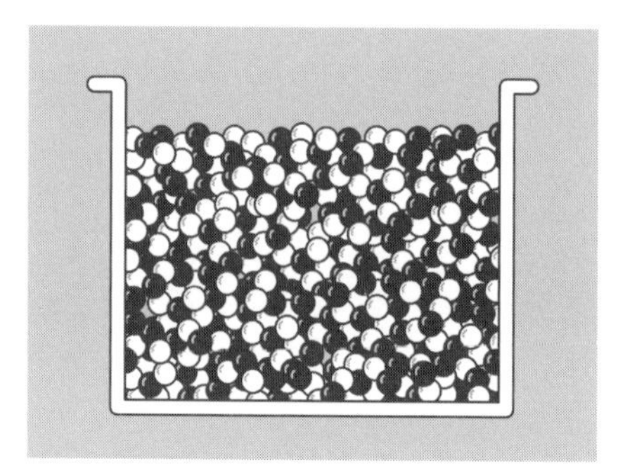

図 1.1　水槽の中の BB 弾

突然ですが，皆さんの目の前に，図 1.1 のような大量の BB 弾が入った水槽があるとします．目にしたことのある読者もいるかもしれませんが，BB 弾はプラスチック製の小さな玉です．そして，この中には白玉と黒玉の BB 弾が計 10 万個入っています．

「それでは，この中の黒玉の数を調べてください」と言われたら，皆さんならどう調べますか？

水槽内にある BB 弾の黒玉の数

日常生活を送るうえでこのような質問を投げかけられることなどめったにありません．どうして黒玉の数を調べるのかわけのわからない読者もいることでしょう．それであれば，水槽内の BB 弾を「10 万人都市に住む人全体」とみなし，黒玉を「その中の煙草を普段吸っている人」，白玉を「普段吸わない人」に置き換えてみてください(すべての住民がこの 2 つのうちどちらかを選択するとします)．もし，その都市の行政が禁煙推進活動の実施を検討していたとしたら，喫煙している人の数(黒玉の数)を調べることで効率的な計画を練ることができるでしょう．このように，水槽内の黒玉の数を調べるという目的は少々現実離れしているように感じられますが，私たちの身近な例に置き換えて考えることもできます(第2章と第3章では社会学と生態学の分野で起こりうる，より身近な事例を紹介しています)．

話を元にもどして，どのように水槽内の黒玉の数を調べるのがよいか考えてみましょう．超能力があればよいのですが，残念ながら非科学的で，どんな人でも使えるような現実的な方法ではありません．水槽の見える部分だけから水槽内の黒玉の数を推測する方法はどうでしょうか？ 水槽の表面に見えているBB弾が黒玉ばかりであれば，「10万個ほとんど黒玉です！」と推測できるようにも思えます．しかし，黒玉は表面に見えているものだけで，中の方はすべて白玉なのかもしれません．すると，非常に的外れな推測になってしまいます．

このように，10万個のBB弾が乱雑に入っている水槽を眺めるだけでは，その中の黒玉の数を当てることなどまず不可能そうです．それでは，10万個のBB弾からすべての黒玉の数を徹底的に調べる方法はどうでしょうか？ 確かにこの方法が一番よさそうに思えるのですが，大きな欠点があります．そもそも，水槽内のBB弾の数10万個を数える気になるでしょうか？ 不可能でないにせよ，とてつもない時間と負担がかかりそうです．頑張って調べることができても，途中で数え間違いが起こるかもしれません．もっとよい方法はないのでしょうか．

100% 確実に当てることはできなくても，だいたい近い値を当てることができるような精度の高い推測を比較的簡単に実行できる方法なら存在します．「サンプリング」によって推測する方法です．このサンプリングとはいったい何なのでしょうか？ そして，その方法に基づく推測の精度は本当に高いと言えるのでしょうか？ この章では，図1.1の水槽内のBB弾の例を用いて，サンプリングとその方法に基づく推測の基礎的な理論を解説していきます．

BB弾サンプリング

サンプリングとは知りたい全部の対象から一部だけを抽出することであり，その抽出法の総称を「サンプリング法」と言います．図1.1のような白玉と黒玉が計10万個入った水槽の例に置き換えてみると，サンプリングは水槽内のBB弾全体から一部だけのBB弾をすくうことに相当します．本章では，BB弾をサンプリングするという意味で「BB弾サンプリング」と呼ぶことにしましょう．

BB弾サンプリングは，全体からBB弾をとりだす比較的簡単な手段でしかありません．しかし，それによって10万個すべてのBB弾を数える必要もなく，水槽内の黒玉の数を精度よく当てることができます．先述の煙草の話に置き換えると，10万人全員を調べなくとも，「煙草を普段吸っている人」の数を精度よく当てることができるのです．ここまで聞くと，サンプリング法がとても画期的な方法のように思えます．

ではそのサンプリング法を用いて，実際に水槽内の黒玉の数を当てて(推定して)みましょう．まずは，水槽からなるべく多くのBB弾を同時にすくい出し，その中の黒玉を数えます．

たとえば，すくうBB弾の数が300個であれば，なんとか1

人でBB弾をすくってその中の黒玉を数えることができそうです．このとき，すくったBB弾300個の中の黒玉は30個であったとしましょう．すると，黒玉割合の推定値は，以下の式により10%と計算できます．

$$\text{すくいあげたBB弾の黒玉割合} = \frac{30}{300} \times 100\ (\%) = 10\ (\%)$$

もし，黒玉割合の推定値(すくいあげたBB弾の黒玉割合)と水槽内のBB弾10万個の黒玉割合がだいたい同じとみなせれば，水槽内の黒玉の数は以下の式で近似することができます．

$$\begin{aligned}&\text{水槽内の黒玉の数}\\&\quad = (\text{水槽内のBB弾の数}) \times (\text{水槽内のBB弾の黒玉割合})\\&\quad \fallingdotseq (\text{水槽内のBB弾の数}) \times (\text{すくいあげたBB弾の黒玉割合})\end{aligned}$$

ここでの「近似」は，「厳密には同じ値にならないかもしれないが，近い値をとるため同じとみなせる」という意味です．ちなみに先ほどの例に上の近似式を適用すると，「水槽内には1万個の黒玉がある」と推測することができますね．そして水槽内の黒玉の数がこの通りぴったり1万個であったとしたら，一番理想的な黒玉割合の推定値は10%になります．水槽内の黒玉割合からのずれ(推定誤差)がゼロになるからです．しかしながら，通常，サンプリングではすべてのBB弾をすくっているわけではないため，いつも理想的な推定ができる保証はありません．つまり，サンプリングを用いた方法では，水槽内の黒玉割合を100%の確率でぴったり推定することは通常できません．少しずれ(誤差)のある推定値だってとり得るでしょう．

また，近似式の適用のためには，通常「無作為化」と呼ばれる操作が必要になります．無作為化とは，作為的にBB弾がすくわれないようにする操作です．BB弾サンプリングの例では，以下の2つの具体的な操作に相当します．1つ目は，BB弾をすくう前に「水槽内のBB弾を十分にかき混ぜる」という操作です．黒玉は表面に見えているものだけで中のほうは全部白玉かもしれない状況を再度考えてみましょう．このような状況でBB弾をすくってしまうと，水槽内のBB弾の混ざりぐあいをすくいあげたBB弾に反映させることができません．その結果，「水槽内とすくいあげたBB弾の黒玉割合がだいたい同じ」という仮定が妥当とは言えなくなってしまいます．2つ目は，「BB弾を無作為にすくう」という操作です．たとえば，表面に見えている黒玉ばかり狙ってBB弾をすくうという操作は，無作為にすくっているとは言えません．そのようにしてすくったBB弾もまた，水槽内のBB弾の混ざりぐあいに対するよい縮図になり得ず，上の近似式をうまく適用することができません．

さらに水槽内のBB弾の大きさと重さをすべて同じにすると，BB弾がすべて同じようにすくわれ得る状況をつくりだすこともできます．その結果，「特定のBB弾だけがすくわれやすくなってしまう」という状況を回避することができ，水槽内のBB弾の混ざりぐあいをよりよくすくいあげたBB弾に反映させることができます．

非復元単純無作為抽出法

統計学の世界では，興味の対象である集団全体を「母集団」

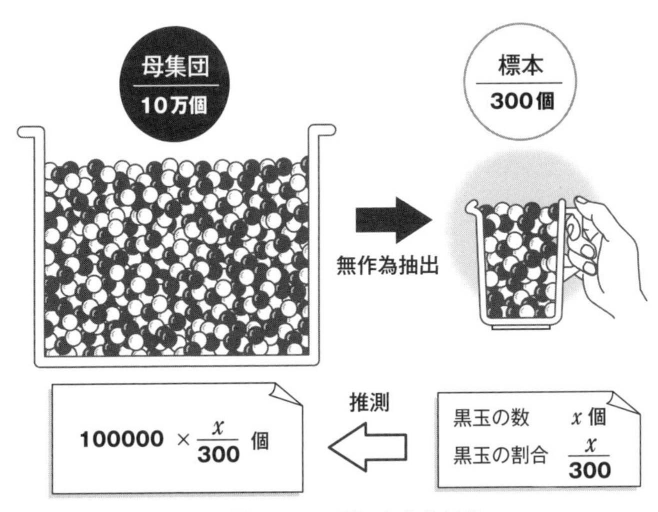

図 1.2　BB 弾の無作為抽出

といい，そこからサンプリングされる要素の集まりを「標本」または「サンプル」といいます．そして，サンプルの中の要素の数は「サンプルサイズ」といわれます．先ほどの BB 弾サンプリングの例に置き換えると，「母集団」は水槽に入っている BB 弾 10 万個，「サンプル」はすくいあげる BB 弾の集まり，そして「サンプルサイズ」は，サンプルの中の要素の数，つまり 300 個となります．

先ほどの BB 弾サンプリングの例では，無作為化によって水槽内の BB 弾(母集団)から BB 弾の集まり(サンプル)を無作為にすくいあげる状況を考えていました．そのようなサンプリング(法)は，母集団から無作為にサンプルを抽出する(方法)ということで，「無作為抽出(法)」といわれます(図 1.2)．

さらに，BB 弾サンプリングの例では，考えられるすべてのサンプル(すくいあげるBB弾の集まり)のすくわれやすさは同じになります．このような無作為抽出法は「単純無作為抽出法」と呼ばれ，サンプリング法の代表格として知られています．さらに言えば，BB弾の集まりは同時にすくわれるため，BB弾300個の中で同一のBB弾は重複し得ません(同じBB弾を2度すくいだすようなことはおきません)．このように，同一のBB弾を重複して抽出することがないサンプリング法を「非復元抽出法」といいます．そして，今回の例に相当するサンプリング法は，これらのサンプリング法を組み合わせた「非復元単純無作為抽出法」といわれます．サンプリング法の種類は多く複雑ですが，本章では，この非復元単純無作為抽出法に焦点を当てていきます．

だいたい同じとは？

サンプル(すくいあげたBB弾)と母集団(水槽内のBB弾10万個)の各黒玉割合がだいたい同じであるとみなすことができれば，先ほどの近似式による推測は精度の高い有効な方法になります．そして，だいたいとは，「水槽内の黒玉割合を100%の確率でぴったり推定することはできないが，近似は妥当」という意味でした．だいたいというからには，推定誤差は小さくなっており，推定精度は高いのだろうと期待できそうです．

しかし，サンプリングに基づく推測では，100%の確実性を持って誤差の大きさを評価することはできません．そのかわり「黒玉割合に対する95%(ほとんど)の推定値が誤差1%以内に収まる」や「得られるすべての推定値の散らばりにくさ」などの具体的情報であれば，「推定誤差の小さくなりやすさ」という推定精度を測ることはできます．

ただし，どれくらい誤差が小さくなりやすいのかは前述の近似式から読み取ることはできません．さらに，サンプルサイズ（すくいあげたBB弾の数）によって，その推定精度がどれくらい変化するのかも読み取ることができません．では，いったいどのようにサンプリングによる推定精度を知ることができるのでしょうか？

何の知識もなしに１回のサンプリングだけの情報から，得られる推定誤差の傾向を調べることはできません．１回のサンプリングによるサンプルは偶然選ばれたにすぎないからです（とはいえ，後述（19–25ページ）のサンプリングの理論の知識さえあれば，１回のサンプリングだけの情報から，その推定精度を把握することはできます）．

ちなみに，「黒玉割合に対する推定値が誤差1％以内に収まる」とは，「黒玉の数に対する推定値の誤差が1000個以内に収まる」ということも意味します．先ほどの近似式を用いて確認してみましょう．黒玉の数に対する推定誤差の原因は「黒玉割合に対する推定誤差」にあったため，先ほどの近似式から，黒玉の数に対する推定誤差を以下のとおり計算できます．

黒玉の数に対する推定誤差
　＝（水槽内のBB弾の数）×（黒玉割合に対する推定誤差）

BB弾サンプリングの例に当てはめてみると（この式に，水槽内のBB弾の数10万個と黒玉割合に対する推定誤差1％（0.01）を代入すると），黒玉の数に対する推定誤差は1000個と計算できますね.

BB 弾サンプリング実験

既述のとおり，何の知識もなしに1回のサンプリングだけから，サンプリングによる推定精度を知ることはできません．しかしながら，通常は1回しか行われないBB弾サンプリングを同じように何回も(なるべく多くの回数分)繰り返す擬似的な実験によって，その推定精度をだいたい確かめることはできます．実験で得られた多くの推定値から，得られるすべての推定値がどのように分布するのかを把握するのです．そうすることで，サンプリングによる推定精度を確かめることができます．この実験を「BB弾サンプリング実験」と名づけて，以下の手順で実験を進めてみましょう．

① なるべく多くの実験協力者を募ります．仮に1000人とおきましょう．

② 水槽内のBB弾をまんべんなくかき混ぜて，どのBB弾も同じくらいすくいやすい状況にします．

③ 1人の実験協力者につき，同時にBB弾n個を無作為にサンプリングしてもらいます．その後，すくわれたサンプルの中の黒玉割合と近似式を用いて，水槽内の黒玉の数に対する推定値を計算し記録します．

④ すくったBB弾n個を水槽内に戻し，次の実験協力者に対して，手順②から作業を繰り返していきます．すべての実験協力者によるサンプリングが終了すれば実験を終えます．

手順①〜③は，(非復元単純無作為抽出法を用いた)サンプリングを1000回繰り返す擬似的状況をつくりだしています．サンプルサイズn個のBB弾の集まりは1つのサンプルとなるので，この実験によって1000人分のサンプル(つまり，サンプルの数1000個)をつくりだすことができます．ただし，この実験の目的は，同じようにサンプリングを繰り返すことによって黒玉の数の(得られる)推定値の分布を把握することにあります．もし，前の実験協力者がすくったサンプルに影響を受けて，以後の実験協力者のサンプルのとられやすさが変わってしまったとしたら，同じ環境下でサンプリングを繰り返したとは言えなくなってしまいます．そのようなことを回避するため，実験の条件として手順④が必要になります．ちなみに，サンプルのとられやすさが，実験協力者間で影響を及ぼさない性質を「実験協力者間の独立性」と呼びます．

本章では，これ以降，水槽内の黒玉の数が1万個(黒玉割合10%)と仮定して話をすすめていきます．

BB弾サンプリング実験データの視覚化

BB弾サンプリング実験が終わったときには，黒玉の数を推定できる1000個分の数値が私たちの手元に残ることになります．その1000個分の数値こそ，水槽内の黒玉の数に対する推定値になります．そして，この1000個の推定値がどのように分布しているのかを確かめることによって，「各推定値の得られやすさ」，「95%の人(950人)が収まる推定誤差の大きさ」，そして「1000人中どれくらいの人が水槽内の黒玉の数を誤差1000個以内で推定できたのか」などの推定精度を把握することができます．さらに，BB弾をすくう数の設定さえ変えてし

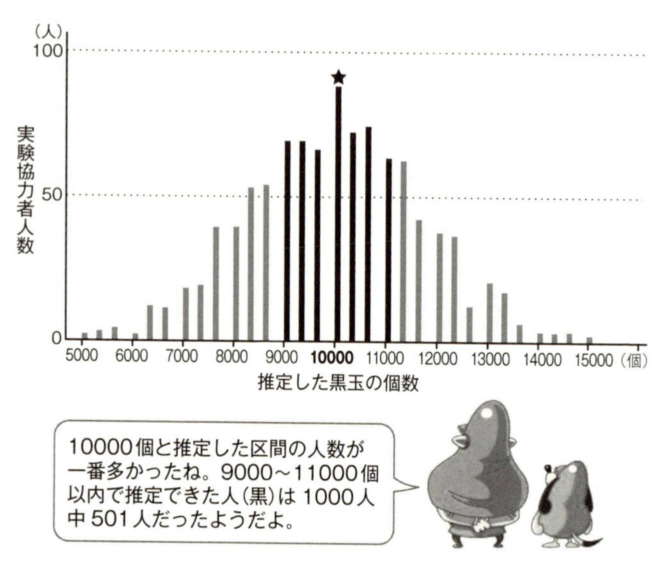

図 1.3 黒玉の数に対して得られた推定値のヒストグラム

まえば，サンプルサイズが推定精度に及ぼす影響を「推定値の散らばり具合」によって調べることもできるでしょう．本章では，理想的な状況でBB弾サンプリング実験を行った想定の下，コンピュータ上で仮想的に発生させた1000人分の(黒玉の数に対する)推定値を実験データとして扱います．まずは，サンプルサイズn個を300個と設定し，実験で得られた推定値がどのように分布するのかを見ていきましょう．

とはいえ，実験協力者1000人分の推定値に対して，それぞれ数字だけを並べても，その分布を把握することはとても困難になることでしょう．データの量が増えれば，さらに難易度が上がるにちがいありません．そんなときは，図1.3のように，得られた推定値の分布を視覚的に把握してみましょう．このような図は「ヒストグラム(柱状図)」と呼ばれ，横軸は推定値がいくつになったかを表す数字が並んでいますが，分布を把握したいので，数値は細かく分割した区間の最小値を表します(階級値と呼ばれる代表値も用いられます)．この図における縦軸は，その区間内の推定値を出した人の数を表します．この図により，推定した黒玉の数(x 個)を含む区間に該当する実験協力者が，何人(y 人)いたのかを視覚化することができます．

ではここで，水槽内の黒玉の数が1万個(黒玉割合10%)と仮定していたことを思い出して，実験結果のヒストグラム(図1.3)から情報を読み取ってみましょう．

水槽内の黒玉の数1万個からの推定誤差が一番小さい区間(図1.3の★)の実験協力者数が一番多かったようです．そして，推定誤差が1000個以内(9000個～11000個)となった推定値に該当する区間を黒色の棒グラフで示すと，そのような推定値の得られやすさ(確率)はだいたい半分(50%)くらいであったことがわかります．実際に，この仮想的な実験データから確かめると，その範囲内で黒玉の数を推定できた人は1000人中501人でした．つまり，「約50%の確率で推定誤差が1000個以内に収まる」という，サンプリングによる推定精度をだいたい把握することができます．さらに，推定誤差が大きくなるほど実験協力者の人数が急激に少なくなっていくため，「的外れな推定値は滅多に得られない」ということもわかります．

コラム◉非復元単純無作為抽出法と復元単純無作為抽出法の違い

同一のBB弾が重複してすくわれることがある単純無作為抽出法を(非復元単純無作為抽出法とは区別して)，

「復元単純無作為抽出法」といいます．このサンプリング法であれば１つ１つのBB弾間の独立性が成り立ち，サンプル(BB弾300個)の中でとられ得る黒玉の数の分布は「二項分布」という特殊な分布に従います．一方，本章で考えているサンプリング法(非復元単純無作為抽出法)を用いると，同一のBB弾が重複してとられ得ないために１つ１つのBB弾間の独立性は厳密には成り立ちません．しかしながら，母集団として解釈される水槽内のBB弾の数が十分大きければ，サンプルの中でとられ得る黒玉の数の分布を「二項分布」に従うとみなしてよい，という数学的事実が存在します．水槽内のBB弾の数10万個は非常に大きいため，今回の例にこの事実を適用させることができます．本章の仮想的なBB弾サンプリング実験でも，とられ得る黒玉の数の分布が二項分布とみなして実験データを発生させています．

サンプルサイズによる推定精度の変化

ヒストグラムを作成することによって，BB弾サンプリング実験で得られた1000人分の推定値の分布や推定精度を視覚的に把握しやすくなりました．それでは，今度はサンプルサイズが及ぼす推定精度への影響(何個すくうかによって推定精度に違いが出るのか)を確かめるために，サンプルサイズの異なる3グループ(Aグループ，Bグループ，Cグループ)で得られた推定値の各ヒストグラム(図1.4)を比較してみましょう．各グループの実験で異なる点はサンプルサイズの設定のみです．サンプルサイズn個をAグループでは10個，Bグループでは先

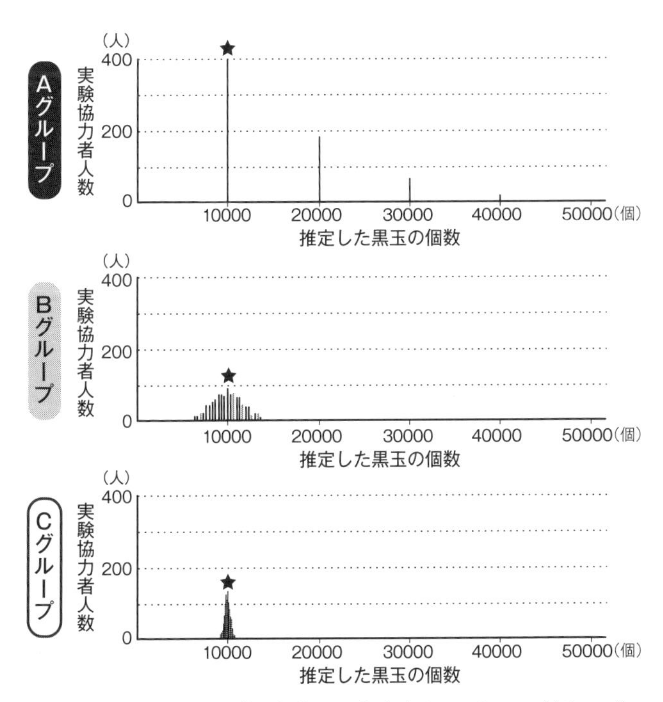

図 1.4　サンプルサイズの設定のみを変えたAグループ(サンプルサイズ10個，上)，Bグループ(サンプルサイズ300個，真ん中)，Cグループ(サンプルサイズ1万個，下)の各実験で得られた推定値のヒストグラム

ほどと同様に300個，そして，Cグループでは1万個とします．

さて，図1.4における各グループのヒストグラムを見たときに，皆さんはどのグループが一番近い値をとりやすい(推定精度がよい)と思ったでしょうか？

3つのグループともに，1万個からの推定誤差が一番小さい区間(図1.4の★)に該当する実験協力者数が一番多くなっていそうです．しかし，散らばり具合は3グループ間で違います．

サンプルサイズが大きいほど，得られた推定値の散らばりがだんだん少なくなっていくように見えますね．しかも，BとCグループに対するヒストグラムの(左右対称の山の)形からは，1万個からかけはなれたような推定誤差の大きな値は推定されにくくなっていることがわかります．これらの推察から，水槽内の黒玉の数に非常に近い値が推定されやすく，散らばりの少ないCグループの推定精度が一番高いと考えることができます．

しかし，このようなヒストグラムによって，得られた推定値の分布を視覚的に把握できるものの，その分布の中心位置や散らばり具合について量的に示すことは困難になります．得られた推定値分布の視覚情報だけで正確に分布の特徴を把握することはまだまだ不十分というしかありません．そのため，通常はデータの特徴を表現するための量的な数値の併用が推奨されています．今回の実験データとして得られた推定値の分布に対する量的表現方法をいくつか紹介しましょう．

もっとも有名な指標は「平均」であり，データの分布の中心位置を量的に表します．ここで，実験協力者1人目の黒玉の数の推定値を x_1 個とすることにしましょう．同様に2人目の推定値を x_2 個，最終的に1000人目の推定値を x_{1000} 個と表すようにすると，1000人分の黒玉の数に対する推定値の平均 $\bar{x}$ 個は，以下のように計算されます．

$$\bar{x} = \frac{1}{1000}(x_1 + x_2 + \cdots + x_{1000}) = \frac{1}{1000}\sum_{i=1}^{1000} x_i$$

このように，得られた推定値がたくさんあったとしても，その中心位置を表す1つの値として平均を計算することができます．

ではその平均の値さえあれば，データの特徴を量的に把握するのに十分でしょうか？ 実はまだまだ平均だけでは不十分なのです．平均の値が同じだとしても，データの散らばり具合が違うなんてよくあることですから．実際に，実験データとして得られた1000人分の推定値の平均はどのグループもほぼ1万個と計算されますが，図1.4のヒストグラムから見てわかるとおり，散らばり具合はグループ間で異なっています．

では，得られた推定値の散らばり具合を量的に表してみましょう．データの散らばりの指標として，以下の「分散」という値(ここではそれをs^2と表す)がよく用いられています．

$$
\begin{aligned}
s^2 &= \frac{1}{1000-1}\{(x_1-\bar{x})^2+(x_2-\bar{x})^2+\cdots+(x_{1000}-\bar{x})^2\} \\
&= \frac{1}{1000-1}\sum_{i=1}^{1000}(x_i-\bar{x})^2
\end{aligned}
$$

既述のとおり，実験協力者1人目の黒玉の数の推定値をx_1個，同様に2人目の推定値をx_2個，最終的に1000人目の推定値をx_{1000}個とし，黒玉の数に対する推定値の平均を$\bar{x}$個と表しています．ざっくり言えば，平均まわりの散らばり具合を表した量です．

ここで注意したいのは，得られた1000人分の推定値が本来知りたい対象ではなく，得られるすべての推定値の分布にあることです．しかし，実際に実験で得られる可能性のある推定値の数は，考えられるサンプルの数以上存在するため，通常その数は今回得られた1000人分より圧倒的に多くなります．このような場合，s^2のように，(1000−1)を分母にとる「不偏分散」

と呼ばれる分散が推奨されています．

このように，分散s^2は，平均の値$\bar{x}$と各データの差を用いて，データがどれくらい散らばっているのかを量的な1つの値で表すことができます．実際に，各グループの実験データから分散を計算してみるとAグループの分散は約9400万，Bは300万，Cは10万になります．

しかし，母集団のBB弾の総数がたかだか10万個であるのに対して，これらの分散の値(9400万，300万，10万)はさすがに大きすぎる気はしませんか？ この原因は，分散が2乗の影響を受けてしまうために，実験データとしての推定値と同じ単位にはならないことにあります．同じ単位に戻すために，以下のような，分散の正の平方根である標準偏差sもよく用いられています．

$$s=\sqrt{s^2}$$

この指標を用いて計算すると，各グループの標準偏差は9700, 1700, 320となります．

ところで，散らばり具合だけなら，分散s^2の式における$(x_i-\bar{x})^2$ではなく，単に平均との差$(x_i-\bar{x})$でもよいように思った読者もいるのではないでしょうか？ ここで，分散の代わりに，以下の指標s_*を用いた場合を考えてみましょう．

$$s_*=\frac{1}{1000-1}\sum_{i=1}^{1000}(x_i-\bar{x})$$

実は，この指標を用いると，平均$\bar{x}$の定義から常に$s_*=0$となってしまいます．つまり，どんなデータでも，「散らばりはまったくありません」と量的に解釈されてしまうのです．これでは，指標として役に立ちません．このようなことを避けるために，散らばりの指標として2乗を用いる分散の式が確立されているのです．

それでは，あらためて各グループの平均と分散(標準偏差)の情報も考慮に入れて，ヒストグラム(図1.4)を眺めてみてください．分散の値が大きかった順(A，B，Cグループ)に，得られた推定値の分布の裾の広がりを視覚的に確認することができるでしょう．そして，その順に推定誤差が小さくなりやすく，推定精度がどんどん高くなっていく様を確認することもできます．

コラム◉ Σの意味

平均や分散の式で出てくる $\sum_{i=1}^{m} x_i$ は，「x_i における i に1から m を代入した $x_1, x_2, \cdots, x_m$ の総和」という意味の数式です．たとえば，$-5, 0, 5$ という3つのデータの総和を計算する際には，順番どおりに x_1 を -5，x_2 を0，x_3 を5とすると，以下のように計算することができます．

$$\sum_{i=1}^{3} x_i = -5+0+5 = 0$$

大数の法則

仮想的なBB弾サンプリング実験データによって作成されたヒストグラム(図1.4)により，サンプルサイズの大きいグループのほうが，水槽内の黒玉の数を精度よく推定できていたことがわかります．そして再び近似式を確認すると，その推定精度の良さの鍵は黒玉割合の推定精度の良さにありそうです．しかし，実際にサンプルサイズをいろいろと変えて実験をするのは，さすがに手間がかかり大変です．すでに読者の中には，「実験などしなくとも，事前にサンプリングによる推定精度を把握できたらいいのに……」と思われた方もいらっしゃるのではないでしょうか？ うれしいことにBB弾サンプリング実験などしなくとも，「大数の法則」により，サンプルサイズによる黒玉割合の推定精度の違いを事前に予想することができるのです．

大数の法則とは，「サンプルサイズn個が大きくなるにしたがって，得られる黒玉割合の推定値が水槽内の正しい黒玉割合（今回の例では10%）に近づきやすく，推定誤差が小さくなりやすい」という法則です．この法則は，「サンプルサイズn個が大きければ，すくいあげたBB弾から計算される黒玉割合を水槽内の黒玉割合の近似値として置き換えてもよく，近似式が適用可能」という数学的根拠にもなっています．その仕組みについて解説しましょう．

黒玉割合に対して得られるすべての推定値の平均値は，水槽内の正しい黒玉割合と一致することが数学的に示されています．この性質は「不偏性」と呼ばれ，母集団とサンプルの関係を結びつける，良い推定法としての１つの基準になります．この不偏性は，サンプルサイズn個が十分大きくなくても成り立ちます．実際，BB弾サンプリング実験の黒玉割合に対する1000個の推定値の平均は，どのグループも水槽内の黒玉割合10%にほぼ一致しています．

一方，サンプルサイズn個が大きくなるにつれて，得られる推定値の分散の値はどんどん小さくなっていきます．不偏性が成り立つ場合は，分散の値の小さいほうが推定誤差は小さくなりやすいため，推定精度が高くなります．BB弾サンプリング実験では，サンプルサイズを10個と設定したAグループより，300個や1万個と設定したBやCグループの分散の値のほうが圧倒的に小さくなり，推定精度の高さを把握することができました．

では，黒玉割合に対して得られる推定値の分散は，どれくらい小さくなるのでしょうか？　実は，BB弾サンプリング実験から得られた推定値の分散をわざわざ計算しなくとも，黒玉割合に対して得られるすべての推定値の分散Vは以下のように計算できるのです．

$$V=\frac{100000-n}{n(100000-1)}\times p(1-p)$$

上の式では，水槽内の正しい黒玉割合をp，サンプルサイズをn個と表しています．今，水槽内のBB弾の総数10万個はサンプルサイズ10個，300個や1万個よりも十分大きいとみなすことができそうですね．このような場合，上の分散Vは以下の式で近似することができます(上の式の分子の$(100000-n)$と分母の$(100000-1)$の比率を1にみなす)．

$$V\fallingdotseq\frac{p\times(1-p)}{n}$$

今回のBB弾サンプリングの例では，水槽内の黒玉割合pを変化させることは終始ありませんでした．そのため上の近似式においてサンプルサイズnだけを大きく変化させていくと，得られるすべての推定値に対する分散Vがどんどん小さくなっていくことが示されます．そして，先ほどの図1.4のヒストグラムからも推察されていたとおり，サンプルサイズの違いが

(黒玉割合の推定精度を通して)，黒玉の数に対する推定精度に影響を与えることになります．実際に，上の式の n に各グループのサンプルサイズ 10 個，300 個，1 万個を代入すると，各分散 V の値は以下の近似値として計算することができます(水槽内の正しい黒玉割合 p は 0.1 (10%)に置き換えて計算しています)．

$$\text{A グループ}:\ \frac{9}{1000},$$

$$\text{B グループ}:\ \frac{3}{10000},$$

$$\text{C グループ}:\ \frac{9}{1000000}$$

これらの分散の値により，A グループと比較したときの B, C グループにおける黒玉割合の推定精度の高さを量的に表すことができます．たとえば，上の A と B グループの分散の比から，300 個から 10 個までサンプルサイズを小さくすることで，黒玉割合に対して得られる推定値の分散は約 30 倍大きくなることがわかります．そして，その分散の大きさから推定精度の低下具合を事前に予想できるのです．

ちなみにすくう BB 弾の数 n 個が水槽内の BB 弾の総数 10 万個と一致していれば，当然黒玉割合の推定値として得られる値の散らばりは完全になくなり，分散の値はゼロとなります．

中心極限定理

散らばり具合が異なるにせよ，図 1.4 における B と C グループのヒストグラムを再び見ると，得られる推定値の分布の形は水槽内の黒玉の数1万個の位置で山頂となる左右対称な山の形とみなせそうです．実は，そのような分布形についても中心極限定理によって予想することができるのです．

中心極限定理は，「サンプルサイズ n 個が十分大きければ(それでも水槽内の10万個よりも十分小さい n 個に対して)，黒玉割合に対して得られる推定値の分布形を水槽内の正しい黒玉割合の位置で山頂となる左右対称な山の形にみなせる」ということを保証する定理です．このような特殊な形をする分布は，正規分布といわれています．

黒玉割合に対して得られる推定値の分布が正規分布にみなせるようになると，黒玉の数に対する推定値の分布も正規分布にみなせるようになります．そして，先ほどの大数の法則とあわせると，「サンプルサイズ n 個が大きければ，水槽内の黒玉の数に非常に近い推定値が偏りなく得られやすくなり，推定誤差の大きい的外れな値はほとんど得られない」こと(図1.4のB，Cグループのヒストグラムに相当)が事前にわかるようになります．

BB弾サンプリング実験におけるBグループ(サンプルサイズ300個)の設定に置き換えると，中心極限定理により，黒玉の数に対して得られる推定値の分布(図1.3と図1.4のBグループのヒストグラムに相当)は，平均が1万，分散が約300万(標準偏差約1700)の正規分布とみなすことができそうです．このように，平均と分散の値が特定されている正規分布にみなせると，「95%の推定誤差の範囲」や「特定の推定誤差の大きさに対する確率」などが比較的簡単に計算できるようになります．そして，サンプリングによる推定精度を把握することができるのです.

本章では正規分布に基づく確率計算の説明は長くなるので省略しますが，今回の例に適用してみると，「黒玉の数に対して得られる推定値の約95% は6600個～13400個の範囲内に収まる」ということを確率計算によって把握することができます．確かに，図1.3を再度確認すると，ほとんどの実験協力者の推定値が6600個～13400個あたりの範囲内に収まっていそうです．さらに，「水槽内の黒玉の数を誤差1000個以内で当てることができる(つまり推定値が9000個から11000個に収まる)確率」も50% と計算されます．この確率は「BB弾サンプリング実験データの視覚化」の節で計算された確率(図1.3黒色箇所)とほぼ同じ値になっており，理論の威力を感じることができるでしょう.

ところでこれまでは，水槽内の黒玉の数がわかっている前提で話をすすめていました．しかし，推定する前から水槽内の黒玉の数がわかっていれば，サンプリングを用いて推定する必要はありません．それでも，大数の法則と中心極限定理の知識があれば，(サンプルサイズを大きく設定した) 1回のサンプリングから得られた黒玉割合の推定値を，水槽内の黒玉割合の近似値として活用できるようになります．そして，(その推定値を正しい平均の値とみなした)特定の正規分布とみなすことによって，得られる推定値の分布や推定精度について予想することができるようになります.

1回のサンプリングをしなくとも，特定の推定誤差の大きさに対する確率を把握することも可能です．それは，確率の下限を計算する保守的な方法です．この説明も長くなるので詳細は省きますが,「水槽内の黒玉割合の値が50%のときに,得られる推定値の分散が一番大きくなる」という数学的事実を利用します.常識的に考えて,白玉・黒玉の数が半々だったら,推定はどっちつかずになり,分散が大きくなるのはわかります.Bグループの例に当てはめると,「得られる推定値が誤差1000個以内に収まる確率の下限」は31.4%と計算されます.一方,水槽内の黒玉割合を10%として仮定した先ほどの確率計算では,「水槽内の黒玉の数を誤差1000個以内で当てることができる確率」を50%として計算できていました.この50%という確率は,今回下限として計算された31.4%より確かに高くなっています.

コラム◉連続性補正法

正規分布は,連続値をとり得る変数に対する分布です.実は,そのような正規分布の確率計算だけを純粋に用いると,「(先程の設定の下)得られる黒玉の数の推定誤差が1000個以内になる確率」は(約)44%と計算されます.「あれ？　この範囲に入る確率は50%ではなかったの？」と思われた読者の皆さん,そのとおりです.しかしながら,黒玉の数は9000個とか9500個とか整数値しかとり得ません.サンプルサイズが大きければ中心極限定理により,得られる推定値の分布を正規分布の形にみなせるとはいっても,整数値を連続値とみなす際にはどうしても乖離が生じてしまいます.連続値をとり得る推定値の分布形は滑らかな曲線によって形成されますが,図1.3や図1.4のBグループのヒストグラムを見た限り,滑らかな曲線で形成されているとはまだ言えそうにありませんね．こうした乖離をなるべく埋めるためのよりよい確率の近似法として，連続性補正法(連続修正法)が活用されています．「黒玉の数に対して得られる推定値の誤差が 1000 個以内となる確率」が 50% と計算されたのも，この補正法を用いたためだったのです．

実践面でのサンプリングの問題

すくう BB 弾の数(サンプルサイズ)を 300 個から 10 個に減らすと，サンプリングでの作業負担(BB 弾サンプリングでは，BB 弾をすくって黒玉を数える作業に相当)が軽減されそうです．しかしながら，大数の法則や中心極限定理で用いられていた仮定「サンプルサイズ n 個が大きければ」を思い出すと，A グループのサンプルサイズ 10 個はさすがにこの仮定を満たすと言えそうにありません．すると，図 1.4 の A グループのヒストグラムのように，その仮定が成立する下で保証されている理論をうまく活用できないことがあります．水槽内の黒玉の数に対する推定精度も極端に低下し，もはや近似値としてみなすことができなくなってしまうかもしれません．

一方 C グループのようにサンプルサイズを 1 万個と大きくとれば，大幅な精度改善が期待できます．しかしこれも残念ながら，サンプルサイズを 1 万個に増やしたために，作業負担が急激に増加するというデメリットが生じてしまいます．もしかしたら，先ほどの BB 弾サンプリング実験設定の時点で，「C グループの実験設定は無茶だろう！」と気づいていた読者もいたかもしれません．

作業の負担を大幅に増加させると，得られるデータ(BB 弾サンプリングでは黒玉の数の推定値に相当)の質の低下が懸念されます．BB弾サンプリングの例に置き換えて考えてみると，すくったり数えたりする作業が大変だから一部またはすべての黒玉を作為的にすくってしまうことも起こりえるからです．

本章の最初では，水槽内のよりよい縮図をつくるための「無作為化」の重要性について説明しましたが，その「無作為化」は，大数の法則や中心極限定理を成立させるための条件にもなります．そのため，このような無作為化が妥当でない場合，サンプリングを用いた推測はもはや科学的な有効性を保つことはできません．しかし，そのような状況でもコンピュータの計算プログラムでは「推定値が計算できない」という警告が出ないため，なかなかデータの質の低さに気がつきません．

BB弾サンプリング実験をさきの禁煙推進活動の例に置き換えてみると，さらに事態の深刻さがわかるでしょう．たとえば，10万人のうち1万人を調べる際に，面倒だから自分と同じ意見の「煙草を普段吸わない」友だち関係者1万人をサンプルとして選んでしまうと，無作為化が妥当とはいえなくなってしまいます．その結果，頑張って1万人調べたにもかかわらず，煙草喫煙数(または煙草喫煙率)に対する推定の信頼性が失われることでしょう．推定値がかなり小さく見積もられてしまうと，禁煙推進活動の縮小，もしくは停止にもつながります．もし本当の喫煙率が高かったとしたら，禁煙を推進する当初の目的を達成することは非常に難しくなるでしょう．

それだけではなく，作業の負担増によって，数え間違いであったり，とりこぼしが出てきやすくなったりもします．すると，ますますデータの質を低下させてしまうでしょう．

そのため，実際には，推定精度と作業負担に関するメリットとデメリットのバランスを見極めながら，サンプルサイズを検討する必要があります．

おわりに

この章では，BB弾を用いたサンプリング法(非復元単純無作為抽出法)の概念と，その背景に隠された理論の重要性を解説しました．BB弾サンプリング実験は，その理論を確かめるための1つの実験にすぎず，この章では水槽内の黒玉の数を1万個と仮定した上で話を進めていました．答えが分かっているおかげで，実験を通してどの程度理論が成り立っているのかを推察することもできたのですが，果たして現実問題へ適用するとどうなるのでしょうか？

第2章と第3章では，社会学と生態学の分野でのより身近な事例を交えながら，サンプリング法の有用性を解説していきます．このような現実の場面では，調べたい値を事前に知っていて，その値に対する推定を行うということはまずあり得ません．事前に興味のある値を知っていたとしたら，推定をする必要などないのですから．しかも，何度もサンプリングを繰り返す実験は多くの場合，実施不可能です．

だからこそ，1回のサンプリングによる推定の科学的根拠を与える「統計的理論」の威力が多くの現実問題に取り組む際にいかんなく発揮されます．しかし，その理論を有効に活用するためには，サンプリングの条件をしっかりと守った質の高いデータが不可欠です．つまり，理論を用いることができないような科学的根拠のない推定をしないためには，データを取る側と使う側が統計学や(コンピュータ上のプログラムにより計算してくれる)統計分析ソフトウェアに頼りきりにならず，質の高いサンプリングが実行されているかまで十分に注意する必要があります．もちろん，統計分析ソフトウェアから算出された統計的な数値を信頼できるのも，さまざまな理論の研究を行った先人たちの努力の賜物であることを忘れてはいけません．

ところで，本章で紹介した推定法はあくまで基礎的なことであり，サンプリング法と統計学のすべてを網羅しているわけではありません．また，厳密な大数の法則と中心極限定理にはさらに細かな条件も必要になり，その証明には大学数学の深い知識が必要となります．さらに興味が湧いてきた読者は，他のサンプリングの本や統計学の入門の本を手にとられることをお勧めします．そうすることによって，サンプリング法と統計学の世界の広がりを実感することができるでしょう．

第2章

世の中の動向を捉える

社会調査とサンプリング

サンプリングとは簡単にいうと，数が多すぎたり，規模が大きすぎたりして全容の把握が難しい対象の特徴を，全体から抜き取った一部を調べることによって明らかにする方法です．そういったサンプリングの手法は，私たちの生活の中で実際にどう生かされているのでしょうか．その一例を示すため，本章では社会調査にまつわるサンプリングの話をしてみたいと思います．

社会調査とは何か？

皆さんは，これまでに「社会調査」という言葉を聞いたことがあるでしょうか？ 日常生活であまり使う機会のない言葉なので，もしかすると聞いたことがないかもしれませんね．でも，これまでに新聞やテレビで，社会問題や政治的な話題について人々の意見を調べた結果(「世論調査」)が紹介されているのを目にしたり，選挙時に近所の投票所で調査(「出口調査」)をしているのを見かけたりした経験がある人は，それなりに多いのではないでしょうか．

社会調査という言葉だけを聞くと，ちょっと難しそうで自分たちには縁遠いもののように感じてしまうかもしれません．しかし，街角で実施されているアンケートや，デジタル放送のｄボタンを使った意見投票なども，広い意味での社会調査に含まれる活動です．そのため想像以上に私たちの身近なところで，たくさん社会調査は行われています．

それでは，なぜ社会調査が行われるのでしょうか．調査という名前を持つからには，何か知りたいことがあり，それを探求する活動がされているはずです．これについて，社会調査とは

「人間によって構成される社会」の中で生じるさまざまな出来事や，その動向を知るために行われる活動の総称であるということを，まず皆さんに覚えておいてもらいたいと思います．そこでは政治や経済に関する難しいテーマから，芸能人の好感度のような身近な話題まで，社会の中の現象であればどういった事柄でも調査の対象になり得ます．ただし，そうした懐の広さがある一方，社会調査には科学的な理論に裏打ちされた厳密な側面も存在しています．そのため，テレビのバラエティ番組で行われているようなカジュアルな調査のことを，あえて「アンケート」と呼んで，「社会調査」とは区別をしている人もいます．

さらにいうと社会調査は，何のために調査をするのかという調査目的，調査のターゲットにしたい対象，そして調査を行う調査主体に応じて，異なる呼び方をされることがあります．一例をあげると，政治や社会情勢に対する世の中の一般的な意見を知るためにマスコミ諸機関が実施している調査は，「世論調査」と呼ばれています．また，企業が消費者の購買意欲・消費実態を把握し，販売戦略に活用するために行う調査は，「市場調査(あるいはマーケティング調査)」といいます．他にも研究対象集団の特性解明や仮説検証を目的に学術機関・研究者が実施する「学術調査」など，社会調査にはさまざまな別称があります．

ですが，たとえ呼び名が違っていても，すべての社会調査に共通している部分もあります．それは社会(または，それに準ずる大規模な集団)の特徴，つまり「集団特性」を明らかにすることに主眼が置かれているという点です．社会調査では調査対象から，何らかの情報を集める作業が行われます(さらに，そこでの情報を数値化したものを「データ」といいます)．けれども社会調査では，そうやって収集した情報やデータを1つ1つ示していくようなことは，ほとんどありません．人や組織についての情報・データを1つずつ見ていたのでは，いつまでたっても“社会の特徴”はつかめないからです．

細部を気にするあまり，全体の姿を見落としてしまうという意味の「木を見て森を見ず」という，ことわざがあります．これとは逆で，社会調査の目的とは“データという木”を個別に見ることではなく，それらで構成された“社会という森”を見ることにあるといえるでしょう．集められたデータを集約して“社会の特徴”をあぶり出していく．そうやって社会について調べるがゆえに，この方法は「社会調査」と呼ばれているのです．

適切な調査対象を選ぶことが重要

社会調査は思い立ったらすぐにでも実行できるものではありません．なぜかというと社会調査とは，れっきとした科学的検証法だからです．科学的検証法というからには，解明したい事柄について客観的に真偽の判断をくだすことが可能であり，さらに同一の手続きを踏むことで誰もが結果を再検証できなくてはなりません．そのために事前にきちんと準備をして，しっかりとした手続きのもとで調査を進めていく必要があります．そこで押さえておくべきポイントはいろいろとありますが，一番の基本は，調査目的にかなった「調査対象」を設定するということです．

仮に皆さんが，自分自身で社会調査を行うことになったとします．また，その調査では，子育て支援事業の今後の方針を決定するために，人々の「行政の子育て支援に対する意見」を知るのが目的であると仮定します．このケースでは，現在子育てをしている人たち，あるいはこれから子育てをする人たちの考えを捉えることが重要です．一方，未婚の人たち(独身でも，子どものいる人はいますが)や，ずっと前に子育てを終えてしまった(高齢の)人たちに調査を行ったとしても，あまり有益な情報は引き出せないでしょう．そういった人たちは現在，直接的に子育ての場面に向き合っておらず，子育て支援が身近な話題でない可能性が高いからです．したがって，実質的な意義の伴った調査をするためには，誰も彼も無差別に調査対象とするのではなく，「既婚の男／女」で，「近い将来子育てをする／今現在，小さな子どもを育てていると考えられる年齢」(具体的には「20歳～49歳」くらいが妥当でしょう)という属性を持つ人々に，ターゲットを絞ったほうがよいといえます．

それでは，上記のような調査対象に関する条件を設けずに調査を進めると，どういったことが起こり得るでしょうか．たとえば本章の筆者(独身男性で子どもなし)に調査が行われたとしたら，子育て支援について聞かれても，「子育て支援？ う～ん，子どもどころか妻もいないので……わかりません」と自虐ぎみ(泣)に答えるでしょう．ですが，この回答は調査目的からすると的外れで，得られた情報も子育て支援事業の今後に生かせそうにありません．

調査対象の条件を設けない，または条件の絞り込みが甘いと，調査目的にそぐわなかったり，ほとんど無意味であったりする回答が，集められたデータのいたるところに紛れ込んでしまいます．最悪の場合，筆者の回答のような「わからない」という意見によって，調査結果の多数が占められてしまうかもしれません．そのときには，きっと「世の中の人は行政の子育て支援に関心がない」という，何やらとんちんかんな結論が導き出されてしまうでしょう．このような結論は誤りの可能性が非常に高いですし，本当に知りたかった事柄も依然として不明なままです．それだけでなく，調査者がこうした結果を公表すると，世間に間違った知見を流布することにもなりかねません．こんな事態に陥るのを防ぐためにも，調査目的にマッチした調査対象を慎重に設定しておく必要があるのです．

実際に誰を調査するのか？

上で述べたように，調査目的にかなった調査対象を設定することは，社会調査を実施するうえでとても重要です．ならば調査対象の設定さえ適切であれば，それで話はお終いなのかといえば，生憎(あいにく)とそうではありません．まだそこには，**実際に誰に調査を行うのか**，という手続き的な問題が残っているからです．

先ほどの子育て支援についての調査の例を，もう一度思い出してみてください．そこでは調査対象にするのが望ましい人の属性を，「既婚の男女」で「20 歳～49 歳」としていました．では，この条件に当てはまる人は，日本全国にどれくらいいるのでしょうか．総務省統計局が発表している「平成 27 年国勢調査人口等基本集計」によると，「既婚の男女」で「20 歳～49 歳」の人々は，2015 年の時点で約 2400 万人も存在しています（ただし国籍が「日本」の人に限定）．もし自分が調査をする立場だったら，約2400万人もの対象者がいると聞いてどうするでしょうか．全員を根気強く調べるぞという熱い決意を胸に，意気揚々と調査へと出かけるに決まっているさ！……などと考える人は，ほとんどいないはずです．いうまでもなく，これだけの人たちを全員調べるためには，途方もない時間と労力とお金が必要になるからです(余談ですが，調査時間が1人1分程度で，移動の時間を無視できるとしても，約2400万人全員を調べ終えるまでには，45年以上の時間がかかってしまいます)．

調査対象となる条件を備えた人や組織の集合全体のことを，専門用語で「母集団」といいます(第1章の実験ではBB弾の入った水槽が母集団でしたが，社会調査では調査対象全部の集合が母集団となります)．また，母集団の成員をすべて調べあげる調査のことは，「全数調査(または悉皆(しっかい)調査：悉(ことごと)く皆(みな)を調べるという意味です)」といいます．全数調査をすれば集計上のミスなどがない限り，調査対象の実態を正確に把握することができます．よって，想定される母集団のサイズがほどほどであれば，全数調査を実施する意義は大きいでしょう．しかし，大規模な母集団に全数調査をするためには，莫大な時間的・金銭的コストを支払わなくてはなりません．

代表的な全数調査として，国が人口や世帯の状態を把握するために行う「国勢調査」があります．ですが，こうした国家事業でない限り，大規模な全数調査はほぼ行われていないというのが実情です．だったら全数調査ができないほど母集団が大きいときには，どうやって社会調査をすればいいの？　読者の中にはこんな疑問を抱かれた人がいるはずです．この疑問を解くカギは，何を隠そう本書がタイトルにも掲げている「サンプリング」の中にあります．それを理解してもらえるように，BB弾サンプリング実験の要点を振り返りながら，話を社会調査の文脈へと置き換えて説明してみます．

BB弾サンプリング実験を社会調査に置き換えて考えてみる

第1章で紹介したBB弾サンプリング実験の状況と実験目的は，「白黒あわせて10万個のBB弾が水槽の中に入っていて，白玉が9万個，黒玉が1万個あることが(実験の主催者にとって)わかっている．そこでBB弾300個というサンプルサイズを持ったサンプルを1000取り出して，母集団の特徴(母集団の黒玉の割合)と近い特徴(サンプルにおける黒玉の割合)を持ったサンプルがどれくらい多く集められるか確かめてみる」というものでした．

BB弾サンプリング実験の状況とは異なり，社会調査ではほとんどの場合，母集団の特徴は未知となっています(母集団の特徴がわかっていたら，わざわざ調査をする必要はないのですから)．そうした母集団の未知なる特徴を解明することが，社会調査における普遍的な目的であるというのは，既に説明した通りです．

そこで，BB弾サンプリング実験の目的を，「白黒あわせて10万個という，非常に多くのBB弾が水槽の中に入っているが，その中に黒玉がだいたいどれくらいあるのか知りたい」という，社会調査の目的になじむ形へと変更することにします．次に実験状況を社会調査の枠組みへと落とし込むため，水槽は「日本」という国を表していて，その中のBB弾は日本に住んでいる「人々」を表していると考えることにします．さらに

BB弾の色は，ある事柄についての「賛成／反対」，「好き／嫌い」といった意見の違いを反映して分かれているものとします．より具体的にイメージするため，BB弾の色はネコが好きか／嫌いかという意見を表していて，白玉は「ネコが好き」，黒玉は「ネコが嫌い」なことを意味しているのだと考えてみてください(ここでは「好きでも嫌いでもない」という意見はないとします)．こうすることでBB弾サンプリング実験の状況を，日本にいる10万人のうちネコが好きな人／嫌いな人の人数(や割合)がどれくらいかを調べるという，社会調査の話として捉えられるようになりました．

それはそうと，実験で用いたBB弾の数は全部で10万個と非常に大量でした．これらを1つ1つ数えて白玉と黒玉の数を割り出す作業(＝全数調査)は手間がかかるので，すぐには行えません．社会調査でも，ネコ好きとネコ嫌いがどれくらいいるか知るために，10万人全員を調査するのは不可能ではありませんが，それを実行するためにはさまざまなコスト的問題が立ちはだかっています(労力的コストの面でいうと，それこそ“ネコの手も借りたい”状態になってしまいます)．

それでは，改めて皆さんに質問してみましょう．このように全数調査ができないほど母集団が大きなときには，どうすれば全体の意見を調べられると思いますか？

ここまで読んできた方であれば，もうおわかりですね．そうです，母集団から調査対象者を一定数「サンプリング」してきて，彼らを調査した結果をもとに母集団の状態を推測すればよいのです．第1章で説明されているように，適切に抽出されたサンプルからは，母集団全体のだいたいの特徴を推し量ること

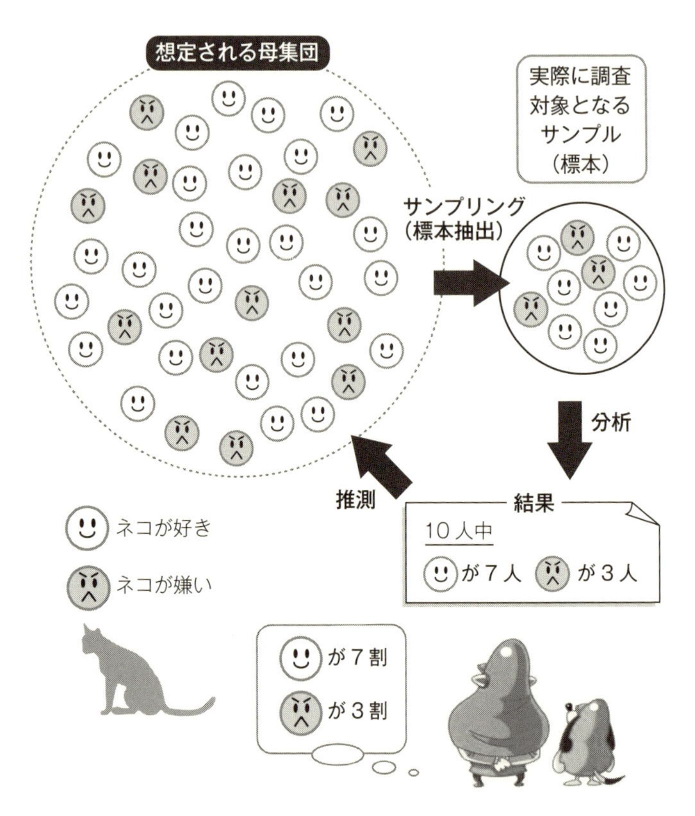

図 2.1　標本調査の考え方

ができます．また，調べるのが小規模のサンプルであれば，全数調査に比べて必要な調査コストもぐっと低く抑えられますから，これほど有効な方法を利用しない手はありません．ネコ好き／ネコ嫌い調査の例でいうと，まず10万人の中からサンプルとして選ばれた300人を調査対象者として，個々に意見を尋ねます．そして，集計されたネコ好き／ネコ嫌いの人数から，母集団である10万人のネコ好き／ネコ嫌いの人数を推測しようというわけです．

このように母集団から一部をサンプルとして抽出してきて，そこでの集計結果から全体を推測する調査を「標本調査(またはサンプリング調査)」といいます(図2.1)．さらにそこでは，母集団から抽出された“調査対象となる”サンプルを「計画サンプル」と呼び，計画サンプルのうち“実際に調査を行うことができた”サンプルを「有効サンプル」と呼んで，両者を区別することがあります(後に出てくる回収率の話と関係するので，この違いはしっかり覚えておいてください)．

コラム◉サンプル数とサンプルサイズの違い

サンプリングの勉強をしていると，聞き慣れない専門用語がたくさん出てきます．勉強を始めたばかりの人は，そうした専門用語に圧倒されたとしても仕方ありません．とはいうものの，ひとたび間違った用語の使い方を覚えてしまうと，後でそれを修正するのは大変です．ですから学び始めの時期にこそ，正しく用語を使うように心掛けて欲しいと思います．そこで(現状への注意喚起の意味も込めて)，ここでは間違って使われることの多い「サンプル数」と「サンプルサイズ」の違いを説明することにします．

「サンプル数(標本数，標本の数)」と「サンプルサイズ(標本サイズ，標本の大きさ)」は語呂や概念が似ているため，誤用されやすい専門用語の筆頭格です．これらのうち「サンプル数」とは，“サンプル自体の数”を指します．一方，サンプルサイズとは，簡単にいうと1つのサンプルの中に“サンプルを構成する要素が何個(何人分)あるか”を表す用語であり，両者は互いに異なる意味を持っています．

第1章のBB弾サンプリング実験では，1つのサンプル中にBB弾が300個含まれるように，1000人が1人1回ずつサンプリングを行い，全部で1000個のサンプルが集められました．この状況にそれぞれの用語を当てはめると，1000人が1人1回作業をして集められた合計の「サンプル数は1000」となります．また，それら1000個のサンプルはそれぞれBB弾300個という大きさの構成要素を持っているので，「サンプルサイズは300」となります．なお，社会調査でサンプル数が多数になることは(複数の国のサンプルを使用する「国際比較調査」などの特殊な調査でない限り)，ほとんどありません．ですから社会調査の報告書などで，「サンプル数は3000人」などと書かれていたらそれは誤りで，正しくは「サンプルサイズは3000人」と記すべきです．

有意抽出法と無作為抽出法

標本調査のサンプリング法には多くの種類がありますが，それらは「有意抽出法」と「無作為抽出法」の2つに大別できます．ここではまず，その2つの違いについて簡単に説明を加えます．その後，無作為抽出法の最も基本的な方法である「単純無作為抽出法」を取り上げ，サンプリングの具体的な手続きの話題へと足を踏み入れていきます．

(1) 標本調査とみそ汁の意外な関係

第１章では，偏りなくサンプリングが行われなくては，サンプルから母集団の特徴をうまく推測できないことが解説されていました．標本調査の場合でも，偏りなくサンプリングをするのがとても重要です．

それは，よく「みそ汁」を味見する話にたとえられます．皆さんもみそ汁を作る際に，鍋の中のみそ汁がちょうどいい具合に仕上がっているか，味見をすることがあるでしょう．そのときには作りかけのみそ汁を，オタマで少量だけすくい出して飲んでみるはずです．そこで上ずみの部分だけを味見すると，何やら塩気が足りない感じがして，みそを追加してしまいがちです．でも，そうすると今度はしょっぱくなりすぎて，失敗してしまうことがあります．なぜそうなったのかというと，実際は底の方に塩気の強いみそが沈んでいるため，上ずみだけを味見していたのでは，みそ汁の本当の味がわからないからです．要するに失敗の原因は，味見する部分の選び方が悪くて(＝偏ったサンプリングが行われた)，サンプルとして抽出したみそ汁の味(＝サンプルの性質)が，みそ汁全体の味(＝母集団の性質)と違っていたことにあるのです．

標本調査でもサンプリングの手続きに偏りがあると，みそ汁の話と同じように抽出されたサンプルから母集団の状態をうまく推測できなくなるので，両者はよく似た関係にあります．

(2) 有意抽出法とは

標本調査でも偏りなくサンプリングをするのが大切だということを理解してもらうために，前項ではみそ汁のたとえ話をしました．その話は感覚的に理解してもらえたのではないかと思いますので，つづいてサンプリングの方法へと話題を移します．

導入部で触れたように，標本調査のサンプリングの方法は，サンプリング手続きの性質によって，大きく２種類に分けられます．そのうちの１つ目は「有意抽出法」という方法であり，有意抽出法で選び出されたサンプルは「有意(抽出)標本」と呼ばれます．有意抽出法では，調査者が何らかの理論，既存の資料，自分の主観などに基づいてサンプルを抽出します．その際，何らかの確率法則に従ってサンプルを抽出するのではないため，有意抽出法は「非確率標本抽出法」と呼ばれることもあります．わかりやすく説明するために，有意抽出法をあえてみそ汁の味見にたとえるとしたら，料理の達人がこれまでの経験と勘をもとに適当と思われる部分をピンポイントで味見して，全体の出来栄えを評価するような方法であるといえるでしょう．

経験豊富な人がサンプリングする，または明確なサンプリング基準が既にある場合は，有意抽出法によって効率よくサンプルを抽出できます．ただし，有意抽出法ではサンプリングが調査者の主観や経験に依存しているため，統計学的な理論を適用してサンプルと母集団の間にある特徴のズレ(これを「標本誤差」といいます)の大きさを評価することができません．そのため，思い込みや勘だけでこの方法を用いると，母集団の姿を反映したサンプルが抽出されず，現実とかけ離れた調査結果が得られてしまうので注意が必要です．

(3) 無作為抽出法とは

２つ目のサンプリング法は，母集団の中からサンプルを無作為(ランダム)に選び出す「無作為抽出(ランダム・サンプリング)法」です．確率的にサンプルを抽出するので「確率標本抽出法」とも呼ばれており，そこで抽出されたサンプルは「無作為(抽出)標本」といいます．

“無作為”や“確率”と聞くと何やら難しそうですが，無作為抽出法というのは，調査者の主観が入らない，いわば“クジ引き”のような仕組みを使ってランダムにサンプルを選び出す方法を指します．再びみそ汁のたとえ話に戻りますが，無作為抽出法の中には，鍋の中身をしっかりかき混ぜて全体を均一の状態にしたうえで，サンプルを少量オタマですくって味見をするのに相当するやり方もあります．ただし，現実にはサンプリングの際に，みそ汁のように母集団をかき混ぜたりすることはできません．その代わりに，サンプルを確率的に抽出できる仕組みを導入することで，あたかも鍋の中身をかき混ぜたかのような状態を作り出しています．

無作為抽出法によって選び出されたサンプルは有意抽出とは異なり，第1章で紹介された理論から標本誤差を計算することが可能です．このように無作為抽出法は統計学的根拠に基づいた科学的サンプリング法なので，標本調査を行う場合は可能な限り無作為抽出法を使用することが推奨されています．“無作為”という言葉の響きから，無作為抽出法を“デタラメ”，“いい加減”な方法であると勘違いしてしまう人がいるかもしれません．けれども実際の無作為抽出法は，数学的・統計学的根拠のある，とても科学的な方法なのです．

また，無作為抽出法とひと口にいっても複数のやり方があり，それらは状況に応じて使い分けられています．その中で最も基本的な方法は，「単純無作為抽出法」と呼ばれているものです．次節では単純無作為抽出法の手続きと，その特性を紹介します．

社会調査における単純無作為抽出法

(1) 単純無作為抽出法の手続き

（無作為抽出の技法に共通していえることですが）単純無作為抽出法を行うためには，まず母集団を構成する全成員が重複なく記載されたリスト（「サンプリング台帳（または抽出台帳）」といいます）を用意する必要があります．社会調査のサンプリング台帳によく用いられるリストとして，全国の市町村区役場が住民の情報をまとめた「住民基本台帳」や，市町村区の選挙管理委員会が有権者の情報をまとめた「選挙人名簿」があります．他にも学校の生徒名簿や企業の社員名簿などは，サンプリング台帳に使うことができます．サンプリング台帳として使用するリストは，調査目的に合っていれば基本的に何を用いても構いません．ただし，母集団全員を重複なく網羅しているという条件は，必ず満たしていなくてはなりません．

サンプリング台帳が用意できたら，次に台帳に記された個々の人に，1番から最後の人（仮にN番としておきます）まで順番に番号をつけます．その後，サイコロを振る，あるいはランダムな数字が並べられた乱数表を引くといった，確率的な手段を用いて抽出対象の番号を決定します（乱数表の引き方は，本書の範囲を外れるので社会調査法の専門書をご覧ください）．そして，出た番号と同じ番号を割り振られた人を1人抜き出してきて，その人をサンプルに加えます．

この作業を事前に計画したサンプルのサイズに達するまで繰

サンプリングに基づく推定

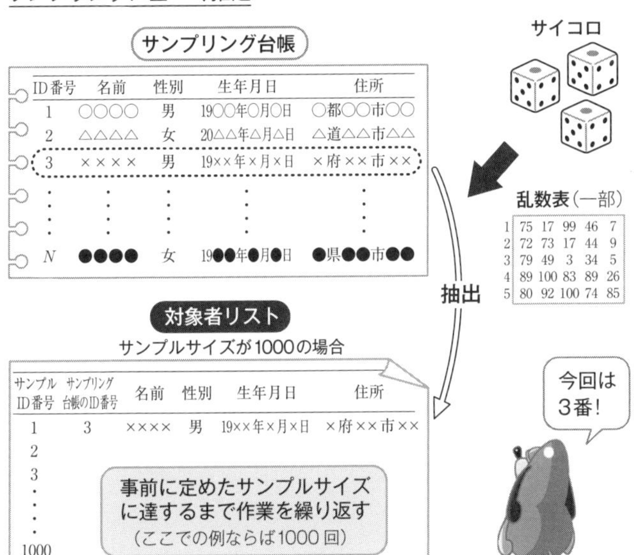

図 2.2　単純無作為抽出法のイメージ

り返して(たとえば計画サンプルのサイズが1000ならば，1000回作業を繰り返します)，調査対象者のリストを作るのが，単純無作為抽出法の手続きです(図2.2も参照してください)．なお，上記の作業を行っていると，まれに既に1度選ばれた番号と同じ番号が重複して出てしまうことがあります．多くの場合，このようなときは既に出てきた番号は無視して，同じ人が何度も選ばれないようにします(これを「非復元抽出」といいます)．

(2) 単純無作為抽出法の難点

単純無作為抽出法では，サンプルとなる個体がすべて N 分の1という抽出確率で母集団から選ばれるので，偏りのないサンプリングが可能です．また抽出確率が等しければ，いかなる特徴の人が，どれくらい“選ばれやすかった／選ばれにくかった”かという“重み”を考慮しなくてもよいので，結果の集計が容易という利点もあります(そのため社会調査では，抽出確率が等しくなるサンプリング法が好まれる傾向があります)．しかし，この方法はサンプリング作業と実査(実際に現地で調査することです)に，次にあげる3つの難点を抱えており，社会調査の現場で用いられることは，あまり多くありません．

1つ目の難点は，サンプリング作業に手間がかかるというものです．単純無作為抽出法では，必要な数のサンプルが得られるまでサイコロを振る，乱数表を引く作業を繰り返さなくてはなりません．そのためサンプルサイズが何千人にもなる場合では，何千回も延々とサイコロを振るか乱数表を引き続ける羽目になります．これを私たちが手作業で行おうとすると，かなり大変です．幸いなことにパーソナル・コンピュータが使えれば，作業にかかる負担を大きく軽減できます．けれども，いつもコンピュータが使用できる状況にあるとは限りません．たとえば「住民基本台帳」などの公的名簿を閲覧する際には，ほとんどのケースで情報端末の利用は許可されません．そうなると手作業を回避する術はなくなるので，やはり作業量の問題が生じてしまいます．

2つ目の難点は，「サンプリング台帳」を用意するのが非常に困難で，サンプリング不可能な状況に陥ることがあるというものです．特に「日本で全国調査」を行う際に，調査対象者となるサンプルを単純無作為抽出しようとすると，この問題に直面してしまいます．なぜかというと，単純無作為抽出をするためには日本人全員の情報が網羅されたサンプリング台帳が必要になりますが，現状ではそうした“日本人名簿”が存在しないからです．理論的には全国の市町村区役場にあるすべての住民基本台帳を集めれば，日本人全員の情報が記載されたサンプリング台帳を作成できます．しかし諸々のコストを考えると，限られた人数の調査チームでそれを実現するのは不可能です．単純無作為抽出法には，このようにサンプリング台帳を用意する難易度が極めて高いため，サンプリングを行えないケースが存在しているのです．

3つ目の難点は，実査で調査員が調査対象者を訪問するための時間的・金銭的コストがかかり過ぎて，効率的でないというものです．サンプリングが終わったら，次に選ばれた調査対象者に対して調査が行われます．ですが，そこには地理的要因が絡んでくることを忘れてはいけません．日本全国から計画サンプルとして調査対象者を3000人単純無作為抽出し，その人たちのもとへ調査員が訪問して意見を尋ねる「個別訪問面接聴取法」によって実査をすると仮定します．そのときに調査対象者たち全員が近所に住んでいればいいのですが，現実にはほとんどの人は異なる地域に離れて暮らしています(計画サンプルが3000人ならば，最大で全国3000ヵ所の地域に分かれて調査対象者が住んでいる可能性があります)．その中にはアクセスが困難な山奥や，離島で生活している人もいるでしょう．このような状況において，少人数の調査チームで短期間のうちに対象者全員を訪問しようというのは，とても無理な話です．すると必然的に，調査期間を延長するか，調査員をたくさん雇わなくてはいけなくなってしまい，その分だけコストが増大することになります．また，調査員が調査地へと移動する，あるいは宿泊する旅費もバカになりません．しかも，それだけコストをかけて各地をまわったとしても，全員が必ず調査に協力してくれるとは限らないので，コスト・パフォーマンスが悪いといわざるを得ません．

単純無作為抽出法には以上のような難点が伴うので，多用されてはいません．だとしたら社会調査の現場では，どのようなサンプリング法が用いられているのでしょうか．この疑問に対する回答を示すため，次節では，ある全国規模の社会調査の事例を交えつつ，そこでのサンプリング法を紹介します．

社会調査の現場で用いられているサンプリング法

実際の社会調査で用いられているサンプリング法には，単純無作為抽出法の弱点であったサンプリング手続きに伴う負担を軽減しつつ，精度を高める工夫が凝らされています．それについて，ここでは日本における代表的な社会調査である，「日本人の国民性調査」のサンプリング法を例に解説を加えます．

(1)「日本人の国民性調査」のサンプリング法

全国規模の社会調査は数多くありますが，その中で長期にわたって継続されてきたものとして，統計数理研究所の「日本人の国民性調査」，社会学者のグループによる「社会階層と社会移動に関する全国調査」，内閣府の「社会意識に関する世論調査」，NHK の「日本人の意識調査」があります．これらのうち最も早くに調査が開始されたのが，「日本人の国民性調査」

(以降は「国民性調査」と略します)です.

この名前を初めて聞く人も多いでしょうが，国民性調査は日本における社会調査の方法的基礎の構築に，多大な貢献をしてきた重要な調査です．国民性調査の歴史は古く，太平洋戦争終結から間もない1953年(昭和28年)に，第1次全国調査が行われました．その後，「国民性の解明」，「調査手法の研究開発」，「統計手法の研究開発」を目的に掲げて，5年おきに継続的な調査が実施されるようになりました(つまり，現在に至るまで，60年以上も調査が続いていることになります)．直近では2018年(平成30年)に第14次調査が行われ，現在はその結果公開に向けて，データ分析の作業が進められているところです.

国民性調査では，時代背景を考慮した細かな修正が施されているものの，そこでは一貫して「層化多段抽出法」という方法がサンプリングに用いられています．この層化多段抽出法は，全国規模の社会調査で使用されている最もポピュラーなサンプリング法といえるものです.

層化多段抽出法では，サンプリングの手続きにおいて「層化」と「多段抽出」という2つの操作が施されます．また，こうした操作を単独で行うサンプリング法は，それぞれ「層化(または層別)抽出法」と「多段抽出法」と呼ばれています．これらは層化多段抽出法と密接に関連しているので，層化多段抽出法の説明に入る前に，まずは層化抽出法と多段抽出法がどのような方法であるのか，簡単に述べることにします.

(2) サンプリングの負担を軽減する

先に多段抽出法を説明します．既述したように全国調査でサンプルを単純無作為抽出しようとすると，サンプリング台帳を閲覧するコストと，実査で対象者を訪問するコストがかかり過ぎてしまいます．それを克服しようと考案された方法が，対象を何段階か(たいていは2〜3段階)に分けてサンプリングしていく，多段抽出法です．

多段抽出法は単純無作為抽出法とは異なり，サンプリング対象の単位が最初から「個人」になることはありません．多段抽出法で1段目に抽出される対象の単位を「第1次抽出単位」といい，全国調査の場合「市町村区」といった地域区分が，第1次抽出単位になります．次に1段目の抽出で選ばれた地域の中から抽出される対象の単位を，「第2次抽出単位」といいます．そこでは選挙の際の「投票区」，小・中学校の「学区」，区画単位の「丁目」などが抽出の対象になります．そして最後に「第3次抽出単位」として，2段目の抽出で選ばれた地点から抽出されるのが，調査対象となる「個人」です(図2.3)．

多段抽出法では，1段目あるいは2段目のサンプリングで抽出された，いくつかの地点のサンプリング台帳が用意できさえすれば，実際の調査対象である「個人」のサンプリングが行えます．それによって，すべての市町村区をまわってサンプリング台帳を閲覧する必要がなくなるため，台帳閲覧の負担を大幅に軽減できます．さらに「個人」のサンプルは，(1段目，2段目で)抽出済みの地点の内部に集中して存在しているので，実査で対象者を訪問する際に長距離を移動しなくても済むようになります．これらは，社会調査を実施するうえでとても大きなメリットです．

また，多段抽出法では「個人」を抽出する段階において，一

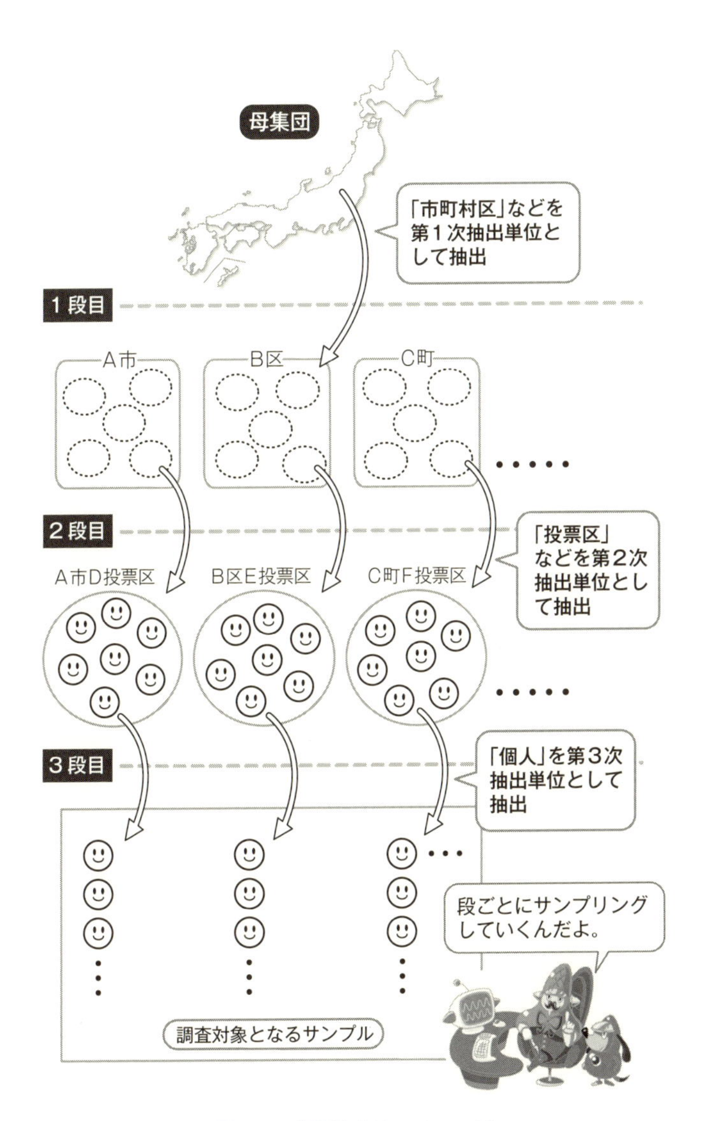

図 2.3　多段抽出法のイメージ

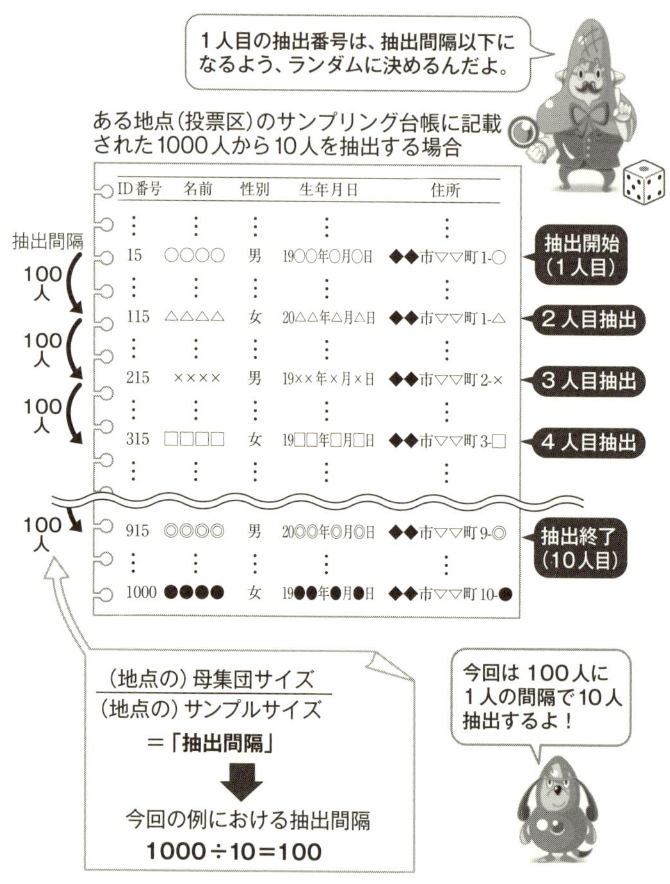

図 2.4　系統抽出法のイメージ

定の間隔で対象者を選び出していく「系統(または等間隔)抽出法」という方法を用いることで，サンプリング作業の手間を省くことができるようにもなります．系統抽出法の手続きは，とてもシンプルなものです(図 2.4)．まずサンプリング台帳に記載された人数(母集団サイズ)を，抽出したいサンプルのサイズで割り算して「抽出間隔」を求めます．そして，抽出を開始する人の番号を抽出間隔以下の値になるように(サイコロや乱数表で)ランダムに決めたら，その後は抽出間隔を維持しつつ目的のサンプルサイズに達するまで抽出を続けるというのが，系統抽出法のやり方です．

(3) より正確な母集団の「縮図」を作る

つづいて層化抽出法について述べます．層化抽出法の「層化」というのは，既存の情報に基づき，人や地域といったサンプリング対象の特性を似た者同士で区分して，「層」を作り出す操作を指します．先述した多段抽出法の「段」は，サンプリング対象を「市町村区」や「投票区」という便宜的なグループとしてまとめただけの区分でした．かたや層化抽出法の「層」では，サンプリング対象の特性を考慮した分類がなされているため，作り出されたグループ(層)は，何らかの意味や固有の性質を有しています．

サンプリング対象を層化するためには，対象について既に明らかになっている外的な情報が必要です．よく用いられる情報としては，国勢調査の地域別人口，職業構成，産業構造のデータがあります．また，そうした層化の基準となる情報のことを「層化変数」といいます．層化変数を使って，似た特徴を持ったサンプリング対象の層を作り出せたら，各層の規模に比例するように抽出するサンプルの個体数を割当てます．層化抽出法ではこのような操作を加えることで，母集団とサンプルの状態を近似させて，より正確な「縮図」を作り出そうとしているの

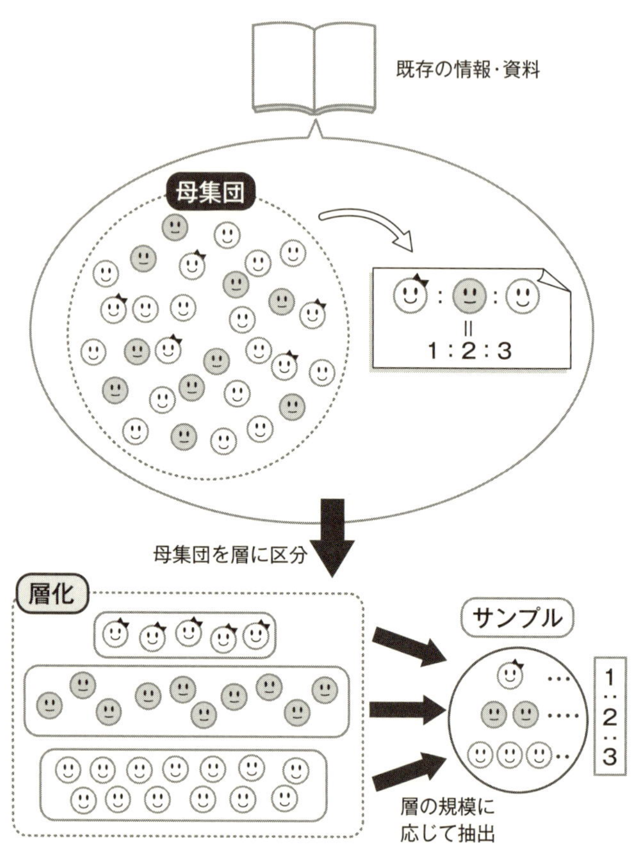

図 2.5　層化抽出法のイメージ

です(図 2.5).

(4) 再び「日本人の国民性調査」と層化多段抽出法について

先ほどは層化抽出法と多段抽出法について解説しましたが，これら 2 つの技法は単独で用いる場合に問題が生じることがあります．層化抽出法についていうと，この技法はサンプリングの精度を高めることに主眼が置かれているため，サンプリングと実査の際に生じる一連の作業負担は，ほとんど軽減されません．そのため層化抽出法を単独で用いると，単純無作為抽出法と同じ3つの問題が生じてしまう可能性があります．また，多段抽出法では作業負担が軽減される一方，精度が犠牲になりがちで，特にサンプルサイズが小さいときに偏りが生じる可能性が指摘されています．これに対して層化抽出法と多段抽出法を一緒に用いることで双方の弱点を補い合い，精度と効率性を両立させているのが，本節の冒頭で紹介した「層化多段抽出法」という技法なのです．

層化多段抽出法では，はじめに人口や産業構造などの情報を用いた母集団の層化が行われ，それぞれの層からいくつの地点，何人のサンプルを抽出するのかが割当てられます．そして次の段階では，多段抽出法に準じた手続きでサンプリングが実施されます．そこでは層化して作り出されたいくつかの層の中から，「市町村区」のような地域を第1次抽出単位として，サンプリングが行われます．さらに必要があれば，第2次抽出単位として「投票区」などの地点をサンプリングした後に，「個人」を地域・地点から抽出して，最終的な調査対象としてのサンプルの集団を作り出します(図2.6)．以上が層化多段抽出法の概要ですが，皆さんに具体的なイメージを持ってもらえるように，引き続き国民性調査の第13次調査における手続き(「層化2段抽出」)を紹介します．

第13次調査では，20歳～85歳未満の日本人男女を母集団としたうえで，計画サンプルサイズが6400人に設定されました．

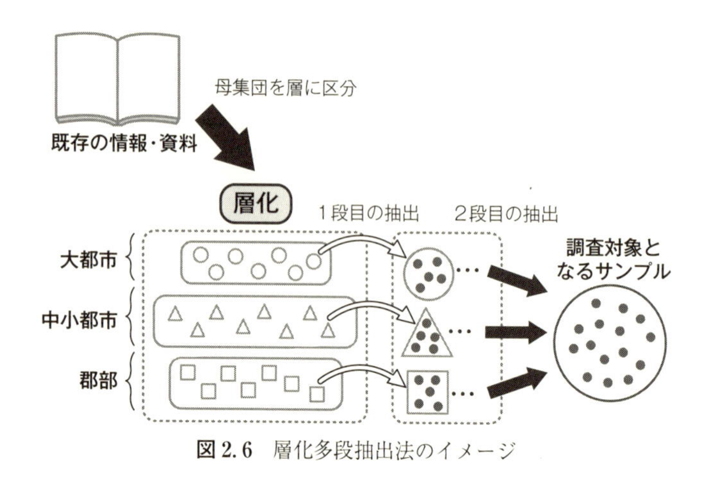

図 2.6　層化多段抽出法のイメージ

そして層化 2 段抽出を実行するために，2010 年に実施された国勢調査の地方性と人口規模の情報から，全国に 1839 ある市町村区が 6 つの層へと層化されました．その後，各層から 1 段目にサンプルとして抽出する地点の数が，以下のように割当てられました．

①区部(113 地点)
②人口 20 万人以上地域(98 地点)
③人口 10 万人以上地域(67 地点)
④人口 10 万人未満地域(83 地点)
⑤郡部(35 地点)
⑥沖縄県(4 地点)

ここでサンプリングされる地点，つまり第 1 次抽出単位は「町丁字(ちょうちょうあざ)」という地域区分であり，全国に 20 万 9255 ある町丁字の中から上記の割当数にしたがって，計 400 地点の町丁字が抽出されました．そして，次の2段目のサンプリングでは，抽出済み地点の住民基本台帳を用いた系統抽出が行われ，平均で16人(400地点×16人=6400人)が調査対象者として抽出されました．こうして集められた調査対象者は，個別面接聴取法によって調査され，最終的に3170人がサンプルとして回収されました(回収率：50%)．

なお国民性調査の結果は，サンプリングの話から少々脱線してしまうので，一部をコラム「日本人の“家”意識の変化」で紹介します．その他の第13次調査までの国民性調査の結果については，統計数理研究所のWebサイト(http://www.ism.ac.jp/kokuminsei/index.html)に詳しくまとめられていますので，興味のある方はぜひともそちらをご覧ください．

コラム◉日本人の“家”意識の変化

本文で紹介した国民性調査は60年以上にわたって継続しているため，これまでの調査結果を時系列で追っていくと，日本人の“ものの考え方”がどのように変化してきたのかを捉えることができます．そうした考え方の変化が顕著に見られる調査項目の1つに，日本特有の“家”意識について尋ねた「他人の子どもを養子にするか」というものがあります(図2.7も参照してください)．

「本家」，「分家」といった言葉があることからもわかるように，これまで日本人は“家”意識が強く，家名の維持に強いこだわりがあるといわれていました．それを裏づけるように，子どもがいなければ，血のつながりのない養子をもらってでも家を「つがせたほうがよい」という意見(図中では○の線で表示)は，1953年の第1次

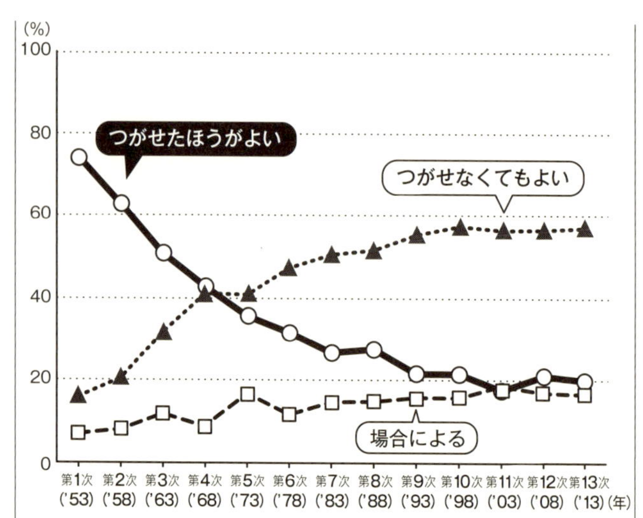

図 2.7 「子どもがないときは，たとえ血のつながりがない他人の子どもでも，養子にもらって家をつがせたほうがよいと思いますか，それとも，つがせる必要はないと思いますか？」に対する回答の推移

調査では全回答の 70% 以上を占めていました．しかし，その傾向は調査のたびに弱まっていき，「つがせたほうがよい」という意見の割合は，2013 年の第 13 次調査までの間に 20% 程度にまで低下しました．

他方，「つがせなくてもよい」(▲の線で表示)という意見の割合は，第 1 次調査では 20% にも満たないほどでした．けれども時代の進行とともに，その割合は上昇を続け，第 5 次(1973 年)調査で「つがせたほうがよい」を逆転して以降，最も多く選択される回答となっています．この結果からは，60 年の間に日本人の“家”意識がだんだんと希薄になってきたことがわかるだけでなく，現在では1950年代の頃とは違った家族の形態が広まっているであろうことも読み取れます．

社会調査の現状と直面している困難

社会の姿を捉える手段として，社会調査は多方面で利用されています．また最近では，科学的根拠に基づいて政策を決定・推進しようという，「エビデンス・ベースト(＝根拠に基づいた)」の取組みが注目されており，必要なデータを集めるために社会調査への需要が高まりをみせています．しかし，世の中のニーズとは対照的に，社会調査の遂行には年を追うごとに困難が伴なうようになっています．本節では，そうした現状について述べます．

(1) 公的名簿の利用制度の変更

社会調査で調査対象者を無作為抽出するためには，サンプリング台帳が必要です．既述したように多くの場合において，サンプリング台帳には住民基本台帳や選挙人名簿などの公的名簿が用いられています．これまで公的名簿の利用については，名簿に記された一部情報(住所，氏名，生年月日，性別)であれば，基本的には誰もが閲覧できる「原則公開」の制度がとられていました．

けれども，近年になって個人情報保護の観点から法改正が進められた結果，公的名簿は「原則非公開」とするように制度が改新されました．それに伴い，管轄機関(主に市町村区レベルの地方公共団体)の審査を受けて許可を得なくては，公的名簿が利用できなくなりました．今のところ学術調査や公益性の高い調査であれば，むやみに閲覧申請が却下されることはありません．ですが今後，審査がさらに厳しくなることはあっても，緩和されることはないでしょう．したがって，これからはサンプリング台帳を用意するのが，ますます難しくなるものと予想されます．

また，閲覧申請の審査基準は管轄機関の間で統一されていないため，ある機関で閲覧が許可されても，別の機関では許可されない事態が生じるかもしれません．そうなると，事前に計画していたサンプリングが実行できなくなるので，調査の実施に大きな支障をきたす恐れがあります．

いうまでもなく，個人情報の保護は非常に重要であり，プライバシーが守られることで私たちは大きな恩恵を享受しています．その一方で，サンプリング台帳が用意できなければ無作為抽出法によるサンプリングが行えなくなり，社会調査の科学性を確保するのが難しくなってしまいます．こうしたジレンマを解決するための手段は，現状では公的名簿の閲覧が許可されるような「公益に資する社会調査の計画を立てる」以外にありません．これについて，もっともなことだと納得するか，それとも学問の可能性を狭めることになりかねないと危惧するかは，人によって意見が分かれるところだと思います．

(2) 増加する調査拒否

実査をして調査に協力してくれた有効サンプルが，計画サンプルに占める割合を「回収率」といいます(調査できなかった人たちに焦点を当てる場合は，「調査不能率」と呼ぶこともあります)．1970年代前半ごろまで，日本で実施されていた代表的な社会調査では，8割前後の回収率が維持されていました．しかし，1970年代の後半になると，各種調査で回収率の目立った落ち込みが生じるようになり，その傾向は2000年代に入ってさらに拍車がかかるようになりました．回収率が低いと，「協力的な性格の人」や「(時間的・経済的な面で)生活に余裕のある人」というような，特定の属性を持った人たちばかりで有効サンプルが構成されてしまう恐れがあります．

有効サンプルが特定の属性の人々に偏っていると，無作為抽出法で母集団から偏りなく(計画)サンプルが抽出できても，調査結果が母集団の状態とかけ離れたものになることが懸念されます．このような調査不能の頻発によって発生する，有効サンプルと母集団の特徴のズレを「調査不能誤差」といいます．厄介なことに，調査不能誤差は標本誤差とは異なり，有効サンプルと母集団との間でズレがどれくらい大きいかを，統計学的に評価することが困難です．そのため，大きな調査不能誤差があると疑われる状況では，調査結果を信用してよいのか明確な判断を下すことができなくなります．結果が信用できない調査は，たとえどんなに苦労して調査が実施されていたとしても，その意義が損なわれてしまいます．ですから社会調査において，回収率の低下はとても深刻な問題です．

先ほど紹介した国民性調査においても，実は回収率の低下の問題が生じています．図2.8はこれまでの国民性調査の回収率(棒グラフで表示，左側の目盛りに対応)と，主な調査不能理由の割合(折れ線グラフで表示，右側の目盛りに対応)の推移を示したものです．

まず回収率の棒グラフから見ていきましょう．1953年の第1

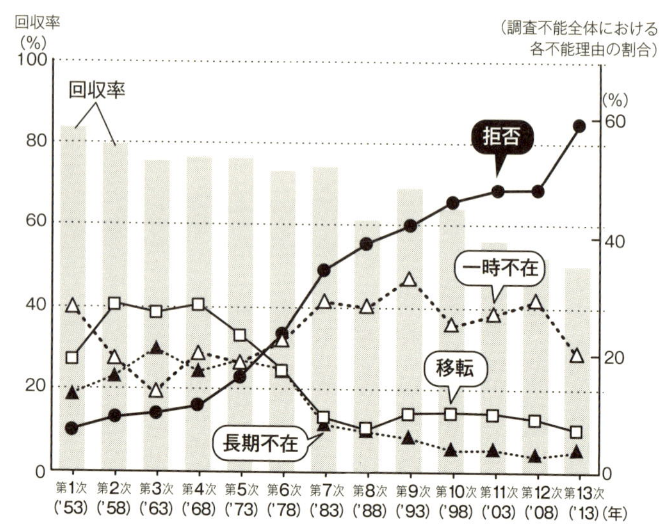

図 2.8 「国民性調査」における回収率と調査不能理由の割合の推移

次調査の結果に目を向けると，回収率は 80% 以上となっています．ここから，当時多くの対象者が調査に協力していたことがわかります．また，その後しばらくの間は，70% 以上という高い回収率が維持されていました．ですが，1988 年の第 8 次調査以降は落ち込みが目立つようになり，回収率は軒並み 60% 台にまで下降しました．2000 年代に入ってもこの傾向には歯止めがかからず，2013 年の第 13 次調査では，ついに 50% という過去最低の水準にまで回収率が下がってしまいました．

つづいて折れ線グラフで示した調査不能理由の割合の変遷を見てみましょう．グラフの調査不能理由のうち，「移転」(□の線で表示)は，調査対象者が転出して当該の住所に居住しておらず，調査ができなかったことを表しています．「長期不在」

(▲の線で表示)は，出張や旅行，入院などで，調査対象者が長い間不在であったため，調査ができなかったことを表しています．同様に「一時不在」(△の線で表示)は，仕事や買い物・行楽などの短期的な不在による調査不能を表しています．そして「拒否」(●の線で表示)は，調査対象者(またはその家族)と面会できても，調査協力を拒否されてしまったことを表しています．

こうした調査不能理由の割合について，調査回ごとの変遷をたどっていくと，「拒否」に顕著な変化があることに，気がつくのではないでしょうか．調査不能全体に対する「拒否」の割合は，第1次調査では7% 程度に過ぎませんでした．しかし，1978年の第6次調査を境に，「拒否」の割合には急激な上昇が見られるようになりました．そうした「拒否」割合の上昇傾向は以降もつづき，第13次調査になると全体の約60% を「拒否」が占めるまでになりました．

最後に上述した2つの事柄に関する結果を俯瞰すると，回収率の下降と「拒否」の増加という現象が連動しており，これらの間に関連性がある様子が読み取れます．ここから，多くの調査対象者が社会調査への協力を拒否するようになったことで，回収率の低下が発生したのだろうと考えられます．

(3) 何が回収率の低下を招いたか？

前項で述べた調査への協力拒否によって回収率が低下してしまう現象は，国民性調査に特有のものではなく，他の社会調査でも同様の報告がなされています．これは人々のプライバシーへの関心が，急激に高まってきたことと関連があるように思われます．昨今のようにプライバシー保護が叫ばれるなか，ある日知らない人(調査員)が皆さんの家へとやってきて,「調査対象者に選ばれたので,社会調査に協力して欲しい」といったとしたら,不審に感じても仕方がありません.また,公的名簿は「原則非公開」のはずなのに,どうやって情報を得たのか,もしかしたら個人情報がもれたのではないかと心配になる人もいるでしょう.事実,そうした不安感が理由で調査が拒否されるケースは,多く存在しています.そこで調査者側では,事前にサンプリング過程や調査目的を念入りに説明して,調査対象者の不安を取り除き,調査への理解と協力が得られるように配慮しています.

しかし,それでも対象者の協力が得られないことは,しばしばあります.社会調査は調査対象者の選出過程以外にも,プライバシーに関わる問題を内包しており,それが人々に調査への抵抗感を生じさせるためです.社会調査では,他人には知られたくない個人情報(学歴,年収,役職など)や,普段は表立って取りあげない微妙な話題(たとえば政治,宗教,性的な事柄)を尋ねることが珍しくありません.ゆえに調査の現場では,収集された情報がどう扱われるのか気がかりで協力したくないという人や,調査員に自分の情報を知られるのが嫌で協力を断る人が,どうしても出てきてしまいます.

そのような懸念や抵抗感を少しでも軽減できるように努力をしなくては,調査対象者からの協力は得られません.そのためには,調査目的以外の不正なデータ使用がされないことをしっかりと保証するとともに,個人情報が記された調査票や調査データを適切に管理できる環境を整えておく必要があります.さらに結果を公表する際には,絶対に個人が特定されることがないように，細心の注意を払わなくてはなりません．そういった意味で，科学的な手続きを経て行われる社会調査の“科学性”を最終的に担保するのは，調査を実施する人々と調査に協力する人々の間にある“信頼関係”に他ならないといえるでしょう．

おわりに

社会調査という言葉になじみはなくとも，よくよく思い出してみると何らかの形で社会調査にまつわる事柄を目にしたことがある人は多いはずです．けれども，社会調査の調査対象者が，どうやって選び出されているのかを知っていたという人は，ほとんどいなかったのではないでしょうか．そのような人たちに向けて，この章では社会調査における標本調査法の概念とサンプリングの手続きを説明しました．ここで紹介した事柄は，いずれも基礎的なものばかりですが，社会調査の科学的なプロセスや実態について，多少なりとも理解してもらえたはずです．これを機に，皆さんが社会調査をより身近なものとして捉えられるようになることを期待しています．

今後の生活の中で，皆さんも社会調査の協力依頼を受けることがあるかもしれません．その際は気が向いたらで結構ですので，調査に協力されてみてはいかがでしょうか．その経験は，社会調査とサンプリングに関する知識を深めるうえで，きっと役立つでしょう．

第3章

生物を数える

生態調査におけるサンプリング

みなさんがご存知のとおり，地球には多種多様な生物が暮らしています．人目につかず生活していてその生態もあまりよく知られていない生物がまだたくさんいる一方で，人間社会からほど近い環境に適応していて私たちにとっては身近な生物も少なくありません．野山や海岸などに出かけて，普段は見られない生物を見ることが好きな読者もいるでしょう．もちろん，野生の姿は見られなくとも，動物園や水族館，博物館などに出かけたり，図鑑を眺めたりするのもなかなか楽しいものです．

「この生物は，どのくらいの数がいるのだろう？」なにか生物を見かけたときに，こうした素朴な疑問を持ったことはないでしょうか．普段見かける機会が多かったり，どこか印象的だったりすると，気になる場合もあるのではないかと思います．ただ，もし少し興味が湧いたとしても，きっとたくさんいるのだろうとか，あまりいないのではないかと考えて終わってしまうことがほとんどだと思います．なにしろ相手は生物ですから，全部を見つけ出して数えることもなかなかできません．その上，ともすればこのような疑問は取るに足りないもののようにも感じられます．もし近所の空き地にバッタが10匹いることがわかったとしても，それを重大な情報とみなす人は多くないでしょう．

しかし，この疑問は素朴でありながら，「生態学」という学問に直接つながる問いでもあるのです．生態学は，生物と環境の間，生物と生物の間にあるさまざまな関係性を明らかにし，生物の集団の成り立ちを理解することを目的とした裾野の広い学問です．生物の数は，何の規則もなくでたらめに決まっているわけではありません．自然界に見られる，非常に複雑で多様な相互作用の結果が生物の数を決めていると考えられます．そして，生物はそれ自体が生態系を構成する一員となっています．そのため，私たちが自然生態系を理解する上で，生物の数を知るということは最も基本的な問題でもあるのです．

第2章の話題は「社会調査」でした．社会調査は社会(集団)における人びとの考え方の特徴や傾向を調べるために行われる調査です．一方で，野生生物集団の実態を明らかにするための調査は広く「生態調査」と呼ばれています．社会調査と同じように，生態調査でもサンプリングは重要な役割を果たしています．しかし，野生生物を相手にするがために，社会調査におけるサンプリングとは考え方やアプローチが大きく異なる側面もあります．この章では，野生生物の個体数を調べるという問題を通して，ここまでに登場したBB弾サンプリングや社会調査と対比しながら生態調査におけるサンプリングを垣間見ていきたいと思います．

すべてを数えるのは難しい

さて，野生生物の個体数を知るためにはいったいどうすればよいのでしょうか．いざ真剣に向き合おうとすると，なかなかとらえどころがない問題のように思えます．対象の生物の持つ特徴や生息地の環境によって，状況はさまざまに異なるでしょう．たとえば，きれいな池で飼われている錦鯉(野生動物とは言えなさそうですが……)の数を調べるのは簡単です．水が澄んでいれば，大きく目立つ色をした錦鯉は上から見るだけですぐに見つけて数え上げることができるでしょう．しかし，もし濁った池でドジョウの数を調べようと思ったら，きっと同じようには数えられません．ドジョウは底のほうで暮らす魚ですので，濁った池を上から見て数えることはあきらめるしかないでしょう．網を使って捕まえることはできても，池にいるドジョウをすべて捕まえ切れるかどうかはわかりません．

このように，生物を見つけたり捕まえたりすることの難しさは，多くの生態調査で共有されることがらの１つです．そしてこれは，野生生物の個体数を調べる上で無視することのできない大問題でもあります．たとえば，あなたが森の中を歩いていて，５羽のシジュウカラを見かけたとしましょう(シジュウカラは市街地や森林などで見られるスズメほどの大きさの鳥です)．この観察は，森に住むシジュウカラの数について何を教えてくれるでしょうか．この森には５羽のシジュウカラがいると考えてよいでしょうか？

おそらく，実際にはもっと多くのシジュウカラがいたはずだと考えるほうがよいでしょう．あなたが注意深く観察していたとしても，運悪く見つけられなかったシジュウカラがいた可能性もあるからです．つまり，物陰に隠れて静かにしていたり，あなたが見ていない方向から飛び立った個体もいたかもしれません．このような，本当はそこにいたけれども見つけられなかった個体の数だけ，見つかったシジュウカラの数は実際に森に住むシジュウカラの数よりも少なくなっているはずです．

このように，本当はそこにいる生物を観察できずに見落としてしまうことを「偽陰性」と呼びます．少し聞き慣れない感じがするかもしれませんが，一般的に「陰性」とは，ある検査に対して対象の反応が見られないことをさす言葉です．生物を探すという文脈では，「陰性」は対象の生物が見つからなかったことに相当します．もし見落としがあると，本当はいるはずの個体が「いなかったこと(陰性)」になってしまいますが，こうして得られた陰性の結果は実態を表していない「偽物」なので，「偽陰性」というのです．

偽陰性は生態調査では珍しくない現象です．野外の生物をすべて見つけることは，生態調査の専門家にとっても難しい場合が少なくありません．体の色や形が背景と区別がつきにくく，見つけることが難しい生き物もいます．警戒心が強く，姿を現そうとしない生き物も多いでしょう．他にも，生物の行動や生息地の環境，調査方法や観察者の技量など，さまざまな要因が生物の見落としにつながります．

偽陰性が生じる状況では，観察される個体数は実際の個体数よりも平均的には少なくなってしまいます．そのため，個体数の推定ではこの少なくなってしまう分を見積もって補うことが必要になるのです．どうすればよいでしょうか．

たとえばもし，あなたが森を歩く間にそこに住むシジュウカラの半分くらいを見つけられるのであれば，見つけた１羽は森に生息する２羽に相当すると考えることができます．つまり，5羽が見つかったということは，森に10羽ほどのシジュウカラがいることを示唆しています．もしシジュウカラがもっと見つかりにくく，10羽に１羽くらいの割合でしか見つけられないとすると，見つけた１羽は森に生息する10羽に相当するでしょう．つまりこのとき，5羽のシジュウカラを見つけたという事実から，森には50羽ほどのシジュウカラが生息していると推測できます．

つまり，シジュウカラの見つかりやすさの程度によって，5

見つかった鳥の数 = 森にいる鳥の数 × 見つかる鳥の割合（検出率）

➡ 森にいる鳥の数 = $\dfrac{\text{見つかった鳥の数}}{\text{検出率}}$

図 3.1　個体の検出率がわかれば鳥の総数がわかる

羽のシジュウカラを見つけたという観察が示唆する事実は異なってくるのです．シジュウカラ全体のうち見つけられる個体の割合を検出率とすると，もし検出率がわかっていれば，見つけた 1 羽は森に生息する $\frac{1}{\text{検出率}}$ 羽に相当するということができるでしょう．すると，森にいるシジュウカラの数は

$$\frac{\text{見つかったシジュウカラの数}}{\text{検出率}}$$

という計算から求められるはずです（図 3.1）．つまり，シジュウカラの数を知るための鍵は検出率を知ることにあるといえそ

うです．しかし，見つかっていないシジュウカラを数えることなどできないにもかかわらず，はたして検出率を知ることはできるのでしょうか？ 実は，そこで役に立つのがサンプリングなのです．

捕獲再捕獲法

個体の検出率を見積もって個体数を推定するための方法の１つとして，「捕獲再捕獲法」と呼ばれるサンプリング法があります．捕獲再捕獲法は，ワナなどを利用して野生生物を捕獲し，捕獲した個体を識別するための標識をつけてから野外に放すということを繰り返す方法です．このような手順を繰り返すと，標識された個体が２度や３度も捕獲されること（再捕獲）が起こります．以下に説明するように，捕獲再捕獲法では再捕獲された標識付き個体が検出率に関する情報を与えてくれることになります．標識付き個体を再捕獲する方法であることから，捕獲再捕獲法は「標識再捕獲法」とも呼ばれています．

捕獲再捕獲法で個体数を見積もるためには，捕獲のための調査が最低でも２回は必要です．ここでは森のシジュウカラを例として，最も簡単な２回の捕獲調査に基づく方法（図 3.2）を見ていきましょう．

まず，１回目の捕獲調査として森の中に複数のワナを設置します．しばらくするといくつかのワナでシジュウカラが捕まりますので，捕獲されたシジュウカラの数を記録します．捕獲されたシジュウカラにはすべて標識がつけられます．標識として，鳥類では足環などがよく用いられます（通常は，足環についた番号や色の組み合わせを手がかりとして，標識をつけた個体の

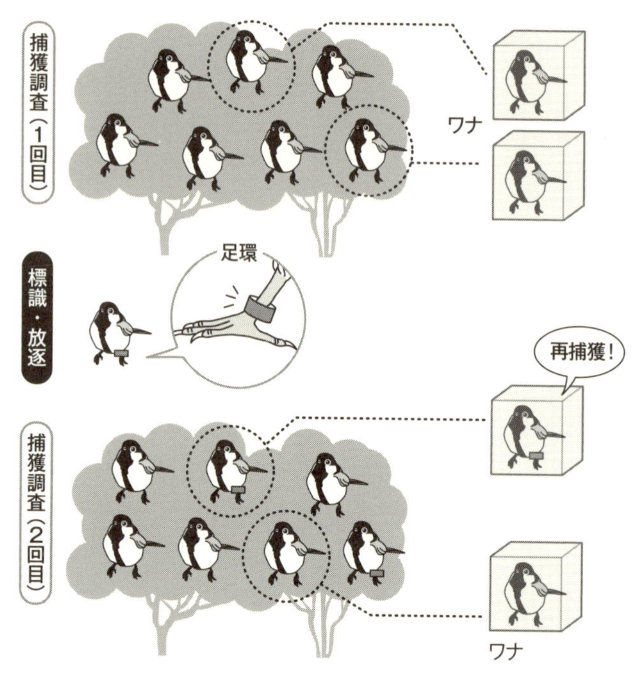

図 3.2 捕獲再捕獲法

見分けがつくようにしておきます).標識がつけられるとシジュウカラは森に帰されます(これを放逐(ほうちく)といいます).

少し時間をおいてから,2回目の捕獲調査を行います.森には1回目の調査で標識をつけたシジュウカラがいますので,2回目の調査では標識が付いているシジュウカラ(1回目の調査で捕獲された個体)と標識がついていないシジュウカラ(未捕獲の個体)が混ざって捕獲されることになります.そこで,2回目の調査では標識付き個体と標識なし個体それぞれの捕獲数を記録します.

これで調査はおしまいです.さて,このような一連の調査の

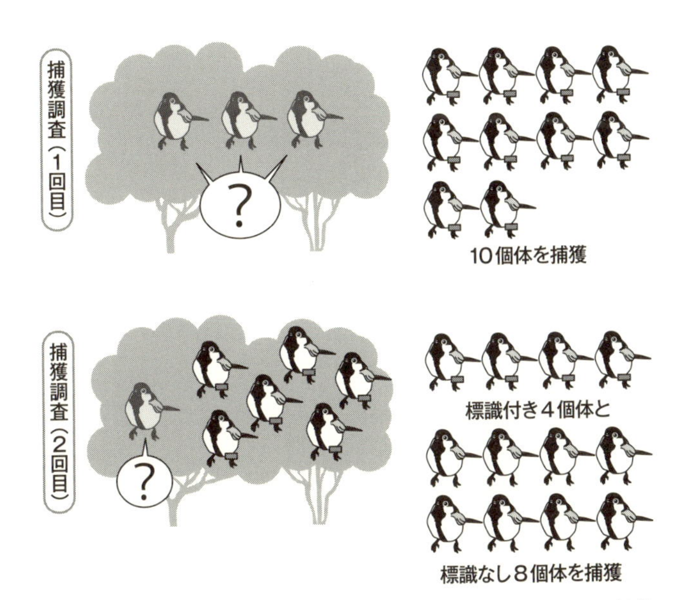

図 3.3　仮想的な捕獲再捕獲法データ．まだ見つかっていない個体はどのくらい残されているだろうか？

結果，1回目は全部で10個体のシジュウカラが捕獲され，2回目は標識付きのシジュウカラが4個体と標識なしのシジュウカラが8個体，捕獲されたとしましょう(図3.3)．調査の様子を想像してみてください．2回目の調査では標識付き個体のうち6個体が見つからなかったので，2回の調査を通して合計18個体が捕獲されたことになります．これで森に住むシジュウカラをすべて見つけられたと言えるでしょうか．それとも，森にはまだ見つかっていない個体がいるのでしょうか？

実は，次節で説明する推定方法をこのデータに適用すると，森に住むシジュウカラの数は30個体であると見積もることができます．森にはまだ12個体ほど見つかっていないシジュウカラがいると考えられるということです．

唐突に30個体と言われてもまったくピンとこないと思いますが，ともかく2回の捕獲調査から得られたデータさえあれば，このように森に住むシジュウカラの数を知ることができるのです．捕獲されなかったシジュウカラを森のなかで数えたりはしていないにもかかわらず，このような具体的な数字を求められるのは不思議ですね．どんな裏付けがあって得られた数字なのでしょうか．その仕組みを，BB弾サンプリングと比較しながら説明していきます．

コラム◉野生生物を守る法律

シジュウカラの捕獲調査の例を読んで，自分でも試してみたいと思う人がいるかもしれませんが，注意しておかなくてはいけないことがあります．実は，シジュウカラの捕獲調査は誰もができるものではないのです．野生の鳥類と哺乳類（鳥獣）の捕獲は，鳥獣保護法と呼ばれる法律で禁止されています．捕獲には特別な許可が必要です．他にも，鳥類と哺乳類に限らず，種の保存法という法律により国内希少野生動植物種に指定された生物は許可なく捕獲することができません．こうした生物の捕獲に関する法規制については環境省のホームページなどに情報があります．捕獲再捕獲法を試してみたいと思ったら，事前によく確認しておきましょう．

個体数推定の仕組み

まずは第1章のBB弾サンプリングについておさらいしましょう．BB弾サンプリングでは，母集団として水槽の中に全部で10万個のBB弾が用意されていました．BB弾には黒玉と白玉があり，何らかの理由があって，私たちは水槽の中の黒玉の数を知りたいのですが，水槽の中の10万個のBB弾をすべて調べることは(不可能ではないにせよ)いたって面倒です．

そこで，水槽中の「BB弾の総数」と「黒玉の総数」，「黒玉の割合」の間には以下の関係があることに着目します．

黒玉の総数 = BB弾の総数×黒玉の割合

このうち「BB弾の総数」は10万個とわかっていますので，あとは「黒玉の割合」さえわかれば関心のある「黒玉の総数」を知ることができます．「黒玉の割合」も，本当はすべてのBB弾を調べて数え上げないとわからないものです．しかし，「黒玉の割合」のおおよその値は，水槽からBB弾の一部を無作為に取り出して(サンプリングして)，標本に含まれる黒玉の数を調べれば知ることができます．BB弾サンプリングではこの仕組みを利用して，無作為に抽出された300個のうちの黒玉の割合を水槽中の黒玉の割合とみなすことで「黒玉の総数」を推定していました(図3.4)．

BB弾サンプリングと同じイメージで捕獲再捕獲法を理解するために，森に住んでいるシジュウカラを水槽の中のBB弾とみなしてみましょう(図3.5)．すると，BB弾サンプリングとはいくつか状況の異なる点があることに気がつきます．まず，私たちが知りたいのは「BB弾の総数(シジュウカラの個体数)」であり，「黒玉の総数」ではありません．また，調査を開始する時点ではBB弾の色に相当する各個体の特徴は特に見出されないということにも注意しましょう．そこで，この時点で

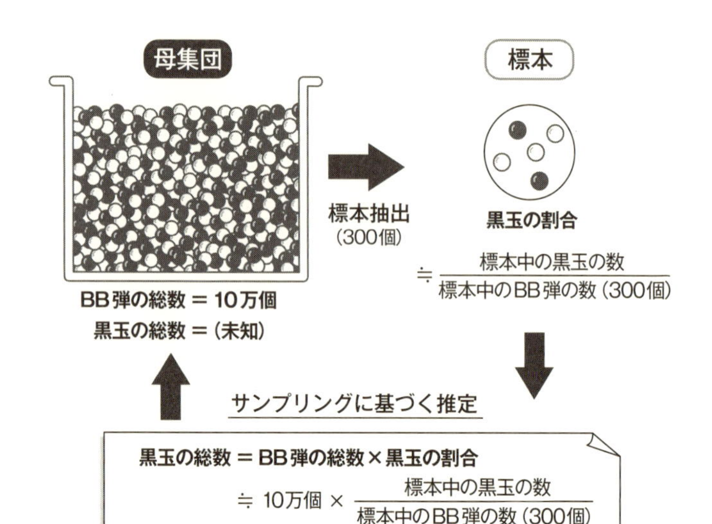

図 3.4 BB 弾サンプリング

は，水槽の中に白玉だけが入っているとみなすことにします．

1 回目の調査が行われると，シジュウカラが何個体か捕獲されます．これは水槽から BB 弾を無作為にサンプリングすることに相当しています．しかし，BB 弾サンプリングの場合とは異なり，抽出される BB 弾の数(捕獲されるシジュウカラの数)はあらかじめ決められてはおらず，各個体がワナにかかるかどうかの運まかせで決まっていることに注意しましょう．捕獲されたシジュウカラは，数を記録したあと，それぞれに標識をつけて森に帰します．標識が付くことで，捕獲された個体は未捕獲の個体と見分けがつくようになります．そのため，捕獲個体への標識付けは抽出された BB 弾を黒く色付けすることに相当すると見てもよいでしょう．標識後の放逐は色付けされた BB 弾を水槽に戻すことに相当しますので，1 回目の捕獲調査が終わると水槽の中は黒玉と白玉が混ざった状態になります(図3.5).

いくつか違いはありますが，黒玉が登場したことでBB弾サンプリングの状況に近づきました．先に述べた水槽中の「BB弾の総数」と「黒玉の総数」,「黒玉の割合」の関係性は，BB弾サンプリングでも捕獲再捕獲法でも当然ながら共通しています．しかし，捕獲再捕獲法で知りたいのは水槽中の「BB弾の総数」ですので，先ほどの式を変形して以下のようにしてみましょう．

$$\text{BB 弾の総数} = \frac{\text{黒玉の総数}}{\text{黒玉の割合}}$$

1回目の調査で捕獲されたシジュウカラの数はわかっていますので，BB弾サンプリングの場合とは違って，私たちはこの時点で「黒玉の総数」を知っています(黒玉の総数 =1回目の調査で捕獲されたシジュウカラの数です)．そのため，上の式から，あとは「黒玉の割合」さえわかれば「BB弾の総数」を知ることができます．

では,「黒玉の割合」を知るためにはどうすればよいでしょうか？ BB弾サンプリングと同じように考えればよいことがわかりますね．水槽全体を調べることはできませんが，一部のBB弾をサンプリングして標本中の割合を調べればよいのです．その役割を担うのが2回目の捕獲調査です．

2回目の調査では，標識付き個体と標識なし個体がそれぞれ捕獲されます．いま，標識付き個体は黒玉，標識なし個体は白玉に相当していますので,「黒玉の割合」は

$$\text{黒玉の割合} \fallingdotseq \frac{\text{2 回目の標本中の黒玉の数}}{\text{2 回目の標本中の BB 弾の数}}$$

$$= \frac{\text{2 回目に捕獲された標識付き個体数}}{\text{2 回目に捕獲された個体数}}$$

という式によって近似的に求められることがわかります．この式を1つ前の式に代入して，「BB 弾の総数」を「総個体数」に，「黒玉の総数」を「1 回目に捕獲された個体数」にそれぞれ置き換えると，捕獲再捕獲法に基づく個体数推定の計算式が導かれます．

$$\text{総個体数} \fallingdotseq \frac{\text{1 回目に捕獲された個体数}}{\left(\dfrac{\text{2 回目に捕獲された標識付き個体数}}{\text{2 回目に捕獲された個体数}}\right)}$$

$$= \frac{\text{1 回目に捕獲された個体数} \times \text{2 回目に捕獲された個体数}}{\text{2 回目に捕獲された標識付き個体数}}$$

この式に，先ほどの架空の例の値(1 回目に捕獲された個体数＝10，2 回目に捕獲された個体数＝12，2 回目に捕獲された標識付き個体数＝4)を代入してみてください．シジュウカラの総個体数の推定値として 30 が得られることがわかると思います．このようにして，捕獲再捕獲法によって得られたデータにこの計算式を適用すれば，具体的な個体数の推定値を得ることができるのです(図 3.5)．

この 2 回の捕獲調査に基づく個体数の推定式は，水鳥や魚類の個体数を調べるためにこの式を先駆けて使用したといわれている研究者の名前を冠してリンカーン–ペテルセン推定量と呼ばれています．リンカーン–ペテルセン推定量は野生生物の数を調べるための最も基本的な式として知られています(18 世紀

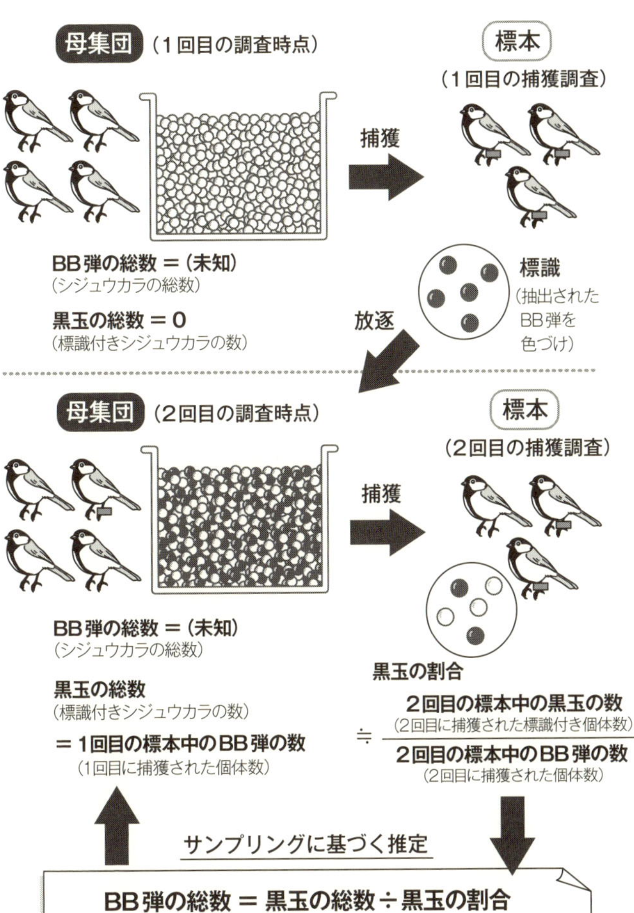

図 3.5　BB弾水槽のたとえで捕獲再捕獲法を理解する

には人間の社会の人口を調べるためにも用いられていたようです).

ところで，黒玉が1回目の調査で捕獲された個体に相当するということは，水槽中の「黒玉の割合」は1回目の調査における個体の検出率にほかなりません．つまり，2回目の調査で「黒玉の割合」を推定することは，「1回目の調査における検出率」を見積もっていることに相当しています．したがって，リンカーン-ペテルセン推定量は以下のようにも解釈できます．

$$\text{総個体数} \fallingdotseq \frac{\text{1回目に捕獲された個体数}}{\text{1回目の検出率}}$$

このことからも，個体数推定の鍵は検出率の推定にあることが明らかです．

背景にある前提

リンカーン-ペテルセン推定量による個体数推定の考え方に，そんな単純な理屈でよいのかと，どこか納得のいかない気持ちになる人もいるかもしれません．何しろ生物であるシジュウカラとプラスチックの玉に過ぎないBB弾の間にはあまりに多くの違いがあり，それを無視してBB弾サンプリングに置き換えて考えるなど，あまりにいい加減なことをしているようにも思えます．

BB弾サンプリングでは，BB弾をすくう前に水槽の中をよくかき混ぜて無作為な抽出ができるように気をつけていました．しかし，シジュウカラを「よくかき混ぜてから」調べることなどできません．BB弾とは異なり，シジュウカラは自らの判断であちこちを移動できますし，行動が個体ごとに異なるなどの個性もあるかもしれません．そんなシジュウカラのサンプリングをBB弾のサンプリングと同じように考えて本当によかったのでしょうか？

実は，先ほどのBB弾サンプリングと対比したリンカーン–ペテルセン推定量の説明を正当化するためには，以下の3つの条件（前提）が必要です．

①調査期間に個体が増えたり減ったりしない

②すべての個体が同じ確率で捕獲される

③個体に付けられた標識はなくならない

これらの前提がどういうことを意味しているのか，再びBB弾サンプリングと対比しながら説明しましょう．①の条件は，2回のサンプリングを行う間に水槽中のBB弾の数が変わらないということを表しています．BB弾は放っておいても増えたり減ったりすることはありません．しかし，生物の場合は，新しい個体が生まれたり（出生），すでにいた個体が死んでしまったり（死亡），移動によって新しい個体がやって来たり（移入），離れて行ってしまったり（移出）することで，その数が変わってしまうことが自然に起こりえます．先の説明では，シジュウカラの個体数がまるで初めから1つに決まっているかのように扱われていました．しかし，もし途中で個体数が変わってしまうとすると，リンカーン–ペテルセン推定量によって計算された個体数が果たしてどの時点の個体数を表すものなのか，すぐにはわからなくなってしまうでしょう．

残念なことですが，実際の調査では捕獲が個体の死を招いてしまうことがあります．捕獲した個体がワナの中で弱って死んでしまうことはその一例です．最初の捕獲の時点でシジュウカラが死亡してしまった場合，もうこの個体を森に戻してあげることはできません．BB 弾に置き換えて考えると，1 回目のサンプリングの後に黒く色付けした玉を水槽に戻せなくなるということです．

こうした状況でも，もし個体の死亡が捕獲のときにだけ生じるのであれば，1 回目の捕獲以降の状況は先の説明と変わりませんので，死んでしまった個体が最初から集団にいなかったことにすれば辻褄は合います．つまり，リンカーン–ペテルセン推定量は死亡個体を除くシジュウカラの数を見積もっていることになります．

一方，捕獲がストレスになって，放逐してからの生存率が下がってしまうことも起こりえます．最初の調査で捕獲された個体が，放逐された後に死んでしまうとどういうことが起こるでしょうか．BB 弾に置き換えると，色付けして水槽に戻したはずの BB 弾が，2 回目のサンプリングを始める前になくなってしまうような状況です．そのようなことがあると，2 回目のサンプリングではもともと期待されるよりも黒玉が取られにくくなってしまうでしょう．すると，検出率が低く推定されてしまうため，リンカーン–ペテルセン推定量は実際よりも個体数を多く見積もる傾向が出てきてしまうのです．

個体数変化の要因が他にもあると話はより一層ややこしくなり，その影響も個体数の増え方や減り方によってさまざまに異なってきます．調査期間中に生物の数が変化するようなことがあると，リンカーン–ペテルセン推定量による個体数推定は解釈が難しくなってしまうのです．

②の条件は，BB 弾サンプリングで気をつけていた単純無作

為抽出に相当します．つまり，水槽の中がよく混ざっていて，他と比べてすくわれやすいBB弾やすくわれにくいBB弾がないということを意味しています．BB弾サンプリングでは，単純無作為抽出をするために守らなくてはならない手順がありました．捕獲再捕獲法でも，単純無作為抽出を実現するためには対象生物の生態や環境条件，ワナの特性などのさまざまな観点から捕獲方法を注意深く検討する必要があります．行動様式が個体によって違っていたり，ワナを置く場所がある領域だけに集中していたりすると，特定の個体ばかりが捕まりやすい状況が生じてしまうことがあります．

捕獲される確率が個体によって異なると，どういうことが起こるのでしょうか．BB弾に置き換えて考えると，水槽を混ぜずに同じところばかりをすくうような状況に似ていると言えます．1回目のサンプリングで水槽の真ん中あたりからBB弾をすくってきて，黒く色付けした後にだいたい同じ場所に戻したとしましょう．すると，水槽の真ん中に黒玉が多く集まった状態になります．もし，そのまま水槽を混ぜずに2回目のサンプリングを行い，再び真ん中あたりからBB弾をすくうと黒玉ばかりが取られることになるでしょう．すると検出率は高く推定されますので，実際には捕まっていない個体(水槽の隅の方にある白玉)がたくさんいたとしても，未捕獲の個体数は少ないと判断されてしまいます．個体数が過少に推定されてしまうのです．

また，ワナによる捕獲が個体の行動を変えてしまう場合があります．たとえば，1回目の調査で捕獲された個体がワナの中には餌があると学習することで，2回目の調査では好んでワナに入るようになることがあります．反対に，捕獲された個体がワナを避けるようになって捕まりにくくなることも起こりえます．

こうした行動の変化は，捕獲された個体とそうでない個体の間で捕まりやすさを変えてしまうため，個体数推定にも影響します．BB 弾に置き換えて説明すると，前者の場合は，2 回目のサンプリングで黒玉ばかりを狙ってすくうような状況に相当します．このとき，標本中の黒玉の割合は水槽中の割合よりも大きくなりがちですので，検出率が高く推定されて個体数は少なく見積もられやすくなります．後者の場合は逆のことが起こります．つまり，2 回目のサンプリングは黒玉を避けてすくうような状況になり，検出率が低く推定されることで個体数は多めに見積もられやすくなります．

これまでの説明では，標識付き個体を黒玉で，標識なし個体を白玉で表していました．すると，個体につけた標識がなくなってしまうということは，黒玉が色を失って白玉に変わることに相当します．つまり③の条件は，2 回目のサンプリングが行われるまでの間に水槽中の黒玉が白玉に変わってしまうことはない，ということを意味しています．もしそのようなことがあると，本来期待されるよりも黒玉が取られにくくなってしまうでしょう．そのため，検出率が過少評価されて個体数は多く見積もられやすくなってしまいます．

綿密な計画が必要な野外調査

このように，上記の 3 条件が満たされていないと，リンカーン–ペテルセン推定量は実際よりも個体数を多く，あるいは少なく見積もる傾向が生じてしまいます．こうした推定は「偏っている」といわれます．偏った推定は，生物の個体数を把握するという生態調査の目的から考えると望ましくありません．

そのため，生態調査ではこうした前提を満たすための努力が重要になります．たとえば，2回の捕獲調査の間隔はできるだけ短いほうがよいでしょう．間隔を取りすぎると，途中で個体が死んでしまったり，他所からやってくる個体が現れたりして，条件①が満たされにくくなるからです(しかし，あまりに間隔が短すぎると，放逐した個体ばかりがワナの近くにいることで条件②が満たされなくなってしまうおそれもあります)．

また，条件①は捕獲が個体に悪影響を及ぼす場合にも満たされなくなってしまいます．そのため，個体がけがをしたり弱ったりしてしまわないよう，捕獲の仕方を工夫することも重要です．ワナの形式や素材，大きさなどは負傷や消耗の可能性の少ないものを選ぶ，十分な餌を用意する，カバーや保温材でワナを包む，頻繁に見回りをするなど，捕獲対象の生物の生態や環境に合わせてさまざまな工夫が施されます．

条件②が満たされるようにするために，ワナの配置にも気を配る必要があります．多くの動物が自分のなわばりや行動圏の中で生活していますので，調査範囲内の特定の領域ばかりにワナを置いてしまうと，ワナが少ない領域で生活をする個体が捕まりにくくなってしまいます．個体をまんべんなく捕獲するためには，ワナを一様に配置することが理想的です．ワナの密度も，なわばりや行動圏の広さに応じて適切に選ぶ必要があります．

どのような標識を用いるかも重要な点です．条件③が満たされるように，標識はなくなりにくいものを使うのがよいでしょう．ただし，対象生物にとって有毒な標識や運動を制限するような標識は避けるべきです．個体の生存率に影響して，条件①が満たされなくなってしまうことがあるからです．

細かい注意点がたくさんあって，生物の数を知るのもなかなか簡単ではないな，と思われるかと思います．リンカーン–ペテルセン推定量は捕獲再捕獲法による個体数推定の考え方を理解する上では便利ですが，理屈が単純である代わりに厳密な実践は難しいのです．

コラム◉リンカーン–ペテルセン推定量は捕獲再捕獲法の出発点

実際的な問題として，野外で3つの前提条件すべてを満たすことは難しいため，リンカーン–ペテルセン推定量だけを使って信頼性のある個体数推定ができることはあまり多くないと言えます．そのため，前提条件が満たされていなくても偏りなく個体数を推定するための方法が研究されています．

たとえば，捕獲調査を2回で終えず，3回以上継続して得られたデータがあれば，リンカーン–ペテルセン推定量で必要となる前提の一部が満たされなくても偏りのない推定を行えることがわかっています．リンカーン–ペテルセン推定量は2回の捕獲調査に基づく計算式のため，3回以上の調査によって得られたデータには用いられません．こうしたデータから個体数を見積もるためには，リンカーン–ペテルセン推定量よりも複雑な計算が必要な，発展的な推定方法が利用されます．

さまざまな捕獲再捕獲法

ここまで見てきたように，捕獲再捕獲法は偽陰性が生じる場合に個体数の推定を可能にするサンプリング法です．捕獲再捕獲法は数ある生態学的サンプリング法の中でも最も基本的なものの１つと考えられており，鳥類や哺乳類，魚類など比較的大型の脊椎動物から昆虫や貝類などの無脊椎動物にいたるまで，さまざまな生物を対象に広く用いられています．その適用範囲は個体数推定にとどまらず，個体の生存率や寿命，渡りの経路などを調べるためにも利用されています．

捕獲再捕獲法を行うにあたり，従来はワナを使って生物を実際に捕獲することが必要でした．しかし，近年はさまざまな技術が野外での調査で利用できるようになり，生物を直接捕まえることなく「捕獲再捕獲法」を行えるようになってきています．

たとえば，自動撮影カメラを対象生物の生息地にうまく設置すると，生物がカメラの前を通過したときに自動的に写真を撮ることができるようになります．このような方法は「カメラトラップ」と呼ばれており，体の模様などの特徴から個体を識別できる大型哺乳類などでは，撮影された写真から個体の「捕獲」の記録を得ることができます．

DNA 分析などの分子生物学的手法が使われることもあります．動物の毛やフンには個体に由来する DNA が含まれています．これらを実験室に持ち帰って，含まれている DNA を増幅して調べると，持ち主の個体を特定することができます．また野外で動物の毛をたくさん見つけることは難しいですが，「ヘアトラップ」と呼ばれる，動物の毛を効率的に採集するための専用の装置などが個体を「捕獲」するために利用されています．

さらに最近は，生物由来のDNAが水などの環境中に多く含まれていることが明らかになりました．こうしたDNAは「環境DNA」と呼ばれており，どの生き物がどこにいるのかを非常に効率的に調べられることが次第にわかってきています．現在のところは環境DNAを分析して持ち主である「種」を特定する技術が用いられていますが，もし将来，持ち主の「個体」を特定できるようになれば，これも「捕獲再捕獲法」に利用されるようになるでしょう．このような非侵襲的な「捕獲再捕獲法」は，実際に捕獲を行う方法よりも個体への負担や影響が少なく，調査の労力も少なく済みます．

生態調査と社会調査

すでに見てきたように，いくつかの条件が満たされていないとリンカーン–ペテルセン推定量を利用した個体数推定は偏ったものになってしまいます．そのため，調査においてこの条件が成り立つためのさまざまな努力を要することが捕獲再捕獲法による個体数推定の難しさとなっていました．私たちの支配しえない野外の環境で，一定の条件が満たされていて初めて妥当な推定ができるようになるのです．

ここで少し，第2章で取り上げられた社会調査の例を思い出してみてください．社会調査におけるサンプリングでは，社会の縮図となる標本を得るために無作為抽出が重要な役割を果たしていました．一方，捕獲再捕獲法においても，(単純)無作為抽出がリンカーン–ペテルセン推定量を利用するための前提になっています．母集団からの無作為抽出は，あらゆるサンプリングにおいて必要な大前提であるといえます．しかし，この無作為抽出をめぐる状況は，社会調査と生態調査の間で大きく異なっているのです．

社会調査におけるサンプリングでは，サンプリング台帳という形で調査対象となりうる個人全体の名簿が用意されていました．第2章で説明されたとおり，無作為抽出の方法は単純無作為抽出法に限りません．しかし，いずれにせよ，社会調査におけるサンプリングではサンプリング台帳から調査対象の個人をどのように選ぶかという点に特別の注意が払われていました．つまり，社会調査では母集団からの標本抽出の手続きが厳密に統制されているのです．決められた手続きによって抽出された標本を扱う限り，無作為抽出の前提が満たされていないことを心配する必要はないといえるでしょう．

一方，生態調査では，対象の個体を一覧できるサンプリング台帳を用意することは不可能です(そもそも，もしサンプリング台帳が存在するなら，わざわざ個体数を推定する必要はないのです)．また，野外の個体を捕獲するにしても，乱数を使って捕まえる個体を事前に決めておくこともできません．社会調査とは異なり，母集団からの標本抽出の過程を厳密に統制することができないのです．

これが理由で，個体数を推定するためには，背景では必要な条件が満たされているはずである，という「仮定」を置かなくてはいけません．社会調査のように厳密な無作為抽出を計画できない以上，リンカーン–ペテルセン推定量による個体数推定は，この調査では捕獲された個体が単純無作為抽出によって得られたものであるという仮定のもとで行われるのです．こうした根本的な制約は，野生生物を対象とした生態調査では広く認められます.

個体数推定のためのサンプリング法

個体数推定のためのサンプリング法は捕獲再捕獲法だけではありません．捕獲再捕獲法のようにBB弾サンプリングに沿った説明が難しく，推定のための計算もリンカーン–ペテルセン推定量ほど単純ではないので詳細は省きますが，ここでは主要なものとして2つのアプローチを紹介しましょう．

1つ目は除去法と呼ばれるサンプリング法で，ワナなどで捕獲された個体を取り除きながら，何度も捕獲を繰り返す方法です．シジュウカラを例に説明すると，除去法では捕獲されたシジュウカラを森に帰すことなく，ワナによる捕獲を繰り返し行います．個体の除去を繰り返すうちに，ワナを置いても個体があまり捕まらなくなっていきます．森に残っている個体の数が少なくなることによって，ワナ1つあたりの捕獲個体数(個体の捕獲効率)が減少していくのです．除去法による個体数推定では，この捕獲効率の減少の様子から個体の捕まりやすさを推定して個体数が見積もられます．

2つ目は個体の捕獲ではなく，目視に基づく方法です．この方法では，観察者が定点や決められた経路から対象の生物を探し，見つけることができた個体までの距離を記録します．このような調査では一般的に，遠くに位置する個体ほどうまく見つけられずに見落とす可能性が高くなると予想されます．得られたデータをもとに個体までの距離のヒストグラムを作ってみると，個体の見つかりやすさが距離に伴ってどのように減少するかを目で見て確認することができるでしょう．このようにして得られる個体の見つかりやすさの情報を用いれば，調査で見落とされた個体の数を見積もることができます．

偽陰性が生じる状況では，個体数推定の鍵は個体の見つかりやすさ(検出率)を見積もることにあります．捕獲再捕獲法の場合と同様に，これら2つのサンプリング法もそれを実現するためのものになっています．そしてやはり，いずれの場合も，捕獲される個体や目視で確認される個体をサンプリング台帳から無作為に選ぶことはできませんので，個体数の推定はいくつかの仮定が置かれた上で行われます．

コラム◉調査区画のサンプリング

生態調査におけるサンプリングの役割は，検出率を見積もることだけではありません．

生態調査を行うためには，どの範囲に生息する個体を数え上げる対象とするのかを明確にしておく必要があります．生物の個体数は空間の範囲が決まらないと定まらないからです．社会調査において特性を明らかにしたい母集団を明確にするのと同じように，あらかじめ設定した領域の中に対象の生物が何個体いるのかを問題にしないといけないのです．

対象とする領域が広すぎて，全体を調査することが難しい場合も起こりえます．このような場合には，領域全体をくまなく調べる代わりに，一部の場所を調べた結果から全体の個体数を見積もることができれば助かります．すると，ここでもやはりサンプリングの考え方が役立つことに気がつきます．調査を実施する場所をサンプリングによって決めればよいのです．

具体的には，領域全体を複数の小区画に分割し，無作為抽出によって調査を行う小区画を決定します．こうした状況は第２章の社会調査の例とよく似ていることに注意しましょう．つまり，この場合はサンプリング台帳（小区画の一覧）が存在しますので，社会調査と同じように標本抽出の手続きを統制できます．調査する小区画は，単純無作為抽出法や系統抽出法，多段抽出法など，条件に応じて適切なサンプリング法を用いて選ぶことができます．

おわりに

この章では，「野生生物の社会調査」ともいえる生態調査を取り上げました．未知の個体数を推定するためにサンプリングの考え方が役に立つことを，捕獲再捕獲法を例に説明しました．興味深いことに，捕獲再捕獲法を用いると，その姿を見ていないにもかかわらずまだ見つけられていない個体の数を見積もることができるのです．一方で，野外で生物を調べることの難しさから，生態調査には社会調査とは違った苦労もあることがわかってきたかと思います．

依然として，このような苦労をわざわざする必要もないのではないかと思う方もいるかもしれません．ややもすると，野外で暮らす生物の数などは私たちの生活とは無関係で，まったくどうでもよいことのようにも感じられます．しかし，実際に野生生物の数を知ることが重要な場面は少なくありません．

たとえば，生物の数は私たちの食事と無縁ではありません．日本人は魚介類を好んで食べる傾向がありますが，食用魚介類の多くは野生生活を送るものを捕獲して得られています．漁によってどのくらいの水産資源を採ってよいかを判断するためには，まず漁獲対象の生物が野外にどれくらいいるのかを知らなくてはなりません．こうした見積もりをきちんとせずに乱獲を続けると，資源は必ず枯渇してしまいます．

個体数を知ることは，絶滅危惧種の保全においても不可欠です．産業の発達に伴って，自然生態系に対する人為的影響は増加の一途をたどってきました．こうした中で，絶滅の危機に追いやられてしまった種が(そして既に絶滅してしまった種も)たくさんいます．特定の種の絶滅が生態系全体を大きく変えてしまい，他の種のさらなる絶滅の引き金になってしまうこともあります．種がどれほど絶滅の危機に瀕しているかを知るためには，その個体数を知らなくてはなりません．個体数が少なくなればなるほど，絶滅を避けることは難しくなってしまいます．

一方，シカやイノシシなどの哺乳類は近年その数を増やしており，食害によって農林業に大きな被害を与えています．こうした被害がこれ以上深刻にならないよう，その個体数を適正な水準に管理するための駆除が行われています．駆除によって被害を軽減する一方で，生態系の一員である彼らを誤って根絶してしまわないようにするためには，個体数の増減の動向を絶えず監視しながら管理計画を修正していく必要があります．

このように，人間社会と自然環境の関わりは密接です．文明が高度に発達した現代においては，私たちには自然生態系の現状を正しく把握して，適切な行動を検討する責任があるといえるかもしれません．

しかし，個体数推定は素朴でありながら非常に難しい問題です．正確で信頼できる推定を実現するために，多くの研究者がこの問題に取り組んできました．観測技術の発展と相まって，今後も多くの方法が開発されていくでしょう．その根底には常にサンプリングの考え方があるはずです．

もっと深く学びたい人に向けて――文献案内

サンプリングっていったい何のことだろう？ そんな疑問やちょっとした関心を持っている人向けに，本書では入門一歩手前の内容を解説しました．これがきっかけで，サンプリングのみならず統計学，社会調査，生態学についても本格的に学んでみたいと思われた読者の方もいることでしょう．最後に付録として，そうした方々への道標となるような文献を，簡単なコメントとともにいくつか紹介しますので，学びを深めるために積極的に利用してもらいたいと思います．

統計学とサンプリングについての文献

・小森理：「2012 年度 BB 弾サンプリング実験解説文」
http://www.ism.ac.jp/events/kodomo2012/20120804_sampling.pdf
・深谷肇一：「2013 年度 BB 弾サンプリング実験解説文」
http://www.ism.ac.jp/events/kodomo2013/2013_sampling.pdf
・稲垣佑典：「2014 年度 BB 弾サンプリング実験解説文」
http://www.ism.ac.jp/events/kodomo2014/2014_sampling.pdf

統計数理研究所で過去に行われた BB 弾サンプリング実験の解説文です．実際の BB 弾サンプリング実験のデータの傾向を確認することができるとともに，サンプリングの難しさについても触れられています．

・倉田博史，星野崇宏：入門統計解析，新世社(2009).

大学や専門課程ではじめて統計学を学ぶ学生向きの統計学の入門書です．本書の第1章で出てきた「推定」「大数の法則」「中心極限定理」などの基礎的な統計的推測の理論についても，順を追って分かりやすく学ぶことができるでしょう．

・東京大学教養学部統計学教室 編：統計学入門，東京大学出版会(1991).

上記書籍の基礎になっている統計学の入門書ですが，内容が非常に豊富でレベルは高めです．第1章の最初のコラムで取り上げた「非復元単純無作為抽出法」についての数学的事実やその成立条件にも触れています．

・白旗慎吾：統計解析入門，共立出版(1992).

上記と同様，大学学部レベルで使用される統計学の入門書ですが，こちらも内容が豊富なぶん少しレベルが高めです．第1章の最後のコラムで出てきた「連続性補正法」についても，「半数補正」として触れています．

・土屋隆裕：概説 標本調査法，朝倉書店(2009).

サンプリングの解説のみならず，その理論についても分かりやすく解説された本です．ただ，数式が若干多いので初学者にはレベルは高めかもしれません．しかし，サンプリング法の種類と内容が充実しており，サンプリングの理論について興味のある読者には非常にお勧めの本です．

社会調査とサンプリングについての文献

・大谷信介，木下栄二，後藤範章，小松洋 編：新・社会調査へのアプローチ――論理と方法，ミネルヴァ書房(2013).

入門用の教科書として優れた1冊で，この本だけで社会調査について体系的に学ぶことができます．社会調査の理論，サンプリング法，データ分析の技法，レポートのまとめ方など多岐にわたる内容を扱いつつ，どのトピックについても平易な記述がなされているので，初学者でもそれほど苦労せず読み進められるはずです．また，付録の209冊にものぼる文献セレクションは，皆さんがさらに学習を進める際に大いに役立つでしょう．

・森岡清志 編：ガイドブック社会調査 第2版，日本評論社(2007).

こちらも社会調査全般についてよくまとめられた，わかりやすい入門書です．社会調査の目的や設計に関連した事柄の記述が厚く，初学者が陥りがちな間違いや，実際の調査の段取りについても，著者たちの経験やノウハウをもとに丁寧に解説されています．ただし，サンプリング理論やデータ分析の技法に関する説明は，必要最低限にとどめられているので，それらに興味がある人は他の教科書を参照するのがよいかもしれません．

・原純輔：社会調査 しくみと考えかた(放送大学叢書)，左右社(2016).

放送大学の教科書を一般向けに再編集した，社会調査の入門書です．社会調査の用途についての解説からはじまり，調査票の構成や面接調査の実施過程，サンプリング法，データ分析の方法といったトピックがバランスよく記述されています．また，本書の第2章で記述した回収率の問題も取り上げられており，そこでの著者の見解は社会調査に携わるうえでとても参考になります．

・盛山和夫：社会調査法入門，有斐閣(2004)．

前半部で社会調査全般についての理論，後半部では調査で得られたデータの分析技法が詳しく述べられているのが特徴です．裏表紙に本格的入門書と書かれているように，初学者にとっては少々難しい内容も含まれていますが，しっかりと勉強すれば社会調査とサンプリングに関しての理解が大きく深まるはずです．その意味では，他の入門書を読んである程度の知識をつけてから，手に取るべき本といえるかもしれません．

・小田利勝：社会調査法の基礎，プレアデス出版(2009)．

社会調査を科学的研究のための手法として明確に位置づけており，そこで求められる理念や技法を詳しく解説しようという著者の姿勢がうかがえる入門書です．標本調査の考え方が丁寧に説明されているだけでなく，社会調査で用いる調査票の尺度についての話題や，調査倫理の問題なども取り上げられており，1冊の本としては比較的コンパクトであるものの，内容は充実しています．その反面，初学者にとっては難しく感じられるかもしれないので，あらかじめ他の入門書で学習してから手に取るとよいでしょう．

生態調査とサンプリングについての文献

・北田修一，神保雅一，田中昌一，宮川雅巳，三輪哲久：データサンプリング(データサイエンス・シリーズ)，共立出版(2002).

データの効率的収集という観点から，標本調査と実験計画法を解説した本です．標本調査に関する話題が集まる前半部では，捕獲再捕獲法を含む生態調査におけるサンプリングについて，水産資源調査の豊富な具体例に基づいて説明されています．

・山田作太郎，北田修一：生物統計学入門，成山堂書店(2004).

生物系の大学生・大学院生へ向けて書かれた統計学の教科書です．サンプリングについては1章を割いて説明されており，母集団特性の推定に用いられる式(推定量)や抽出手法について，水産資源調査の文脈で設定された演習問題を添えて詳しく書かれています．

・Theodore A. Bookhout 編，日本野生動物医学会・野生生物保護学会 監修，鈴木正嗣 編訳：野生動物の研究と管理技術，文永堂出版(2001).

野生生物管理に関わる研究者や管理者が参照する網羅的なマニュアルです．多岐にわたる話題の中には，サンプリングや統計的推測に関するものに加えて，野外研究におけるさまざまな調査技術に関する豊富な記述が含まれています．

あとがき

「まえがき」でも書かれているように，本書は統計数理研究所で毎年開催されている，子ども見学デーでの BB 弾サンプリング実験の話を下敷きに，サンプリングとは何かについて，やさしく解説したものです．なお本書の著者３名は，いずれも統計数理研究所に所属していますが，それぞれの専門は統計学，社会学・社会心理学，生態学と異なっています．これを読んで，関係性が薄い(と考えられがちな)分野の研究者たちが集まって，一緒に本を書いたことを意外に感じた方がいることでしょう．ですが，サンプリングの技法というのは，私たちが想像するよりもずっと幅広い領域で用いられています．また，そこでの目的も学究のためだけでなく，製品の品質管理であったり，顧客サービス向上のための調査であったりと，実にさまざまです．異なる専門を持つ著者たちがサンプリングにまつわる事柄を解説することで，そのようなサンプリングの応用性の高さに加えて，各分野で独自に発展してきた工夫についても知ってもらう，よい機会を提供できたと自負しています．

現在の日本では，学問分野どころか人間のパーソナリティですら，文系・理系といった枠組みで区分されてしまうことがあります．しかし，そのような狭い「型」へと，学問や人を押し込めてしまうことは，それらが持つ可能性を奪うことにつながりかねません．本書を購入し(立ち読みかもしれませんが)，こうしてあとがきにまで目を通されているということは，皆さんはきっとサンプリングについて学ぶ意欲を持った，やる気のある人たちなのでしょう．そういった方々には，ぜひとも文／理の枠組みにとらわれない大きな視点を持っていただきたいという考えから，本書ではサンプリングに関して幅広いトピックを扱いました．そのため，少し解説不足な点や，やや統一感に欠ける点もあったことでしょう．とはいえ，そうした中ででも，少しでも驚きや興味を感じてもらえたのであれば，それは著者一同にとってこの上ない喜びです．そして願わくは，この本を通じて学んだことを活かして，これから多くの挑戦をしていってほしいと思っています．

本書の完成までに実に多くの方々からご支援いただきました．全章を通じて統計数理研究所の金藤浩司先生より，第１章では情報・システム研究機構の中村淑子氏から多数の有用なコメントをいただきました．また第２章では統計数理研究所の中村隆先生，前田忠彦先生，第３章では島谷健一郎先生，および国立環境研究所の深澤圭太先生にお忙しいところ原稿をご覧いただき，多数の的確なアドバイスをいただきました．ここに深く感謝の意を表させていただきます．そして，貴重な出版のきっかけを与えていただきました，統計数理研究所の樋口知之所長に深謝申しあげます．

また，本書が無事にでき上がったのは，岩波書店の吉田宇一氏のお力添えによるものです．執筆が遅れがちな私たちへの叱咤激励の数々，心より感謝いたします．

廣瀬雅代

1986年生まれ．九州大学マス・フォア・インダストリ研究所助教．統計的理論を用いた，小区分ごとの統計的推測法の研究やその応用に携わる．

稲垣佑典

1981年生まれ．統計数理研究所データ科学研究系特任助教．社会調査と実験を用いて，人間の意識・行動と社会制度の関連性を解明する研究に携わる．

深谷肇一

1984年生まれ．国立環境研究所生物・生態系環境研究センター特別研究員．統計的手法を用いて海産無脊椎動物など野生生物の分布や数の変動の研究に携わる．

岩波 科学ライブラリー 271

サンプリングって何だろう——統計を使って全体を知る方法

2018年3月6日 第1刷発行
2019年9月25日 第3刷発行

著者 廣瀬雅代（ひろせまさよ） 稲垣佑典（いながきゆうすけ） 深谷肇一（ふかやけいいち）

発行者 岡本 厚

発行所 株式会社 岩波書店
〒101-8002 東京都千代田区一ツ橋2-5-5
電話案内 03-5210-4000
https://www.iwanami.co.jp/

印刷・理想社 カバー・半七印刷 製本・中永製本

ISBN 978-4-00-029671-7 Printed in Japan

岩波書店編集部 編

270 **広辞苑を 3 倍楽しむ その 2**

カラー版 本体 1500 円

各界で活躍する著者たちが広辞苑から選んだ言葉を話のタネに，科学にまつわるエッセイと美しい写真で描きだすサイエンス・ワールド．第七版で新しく加わった旬な言葉についての書下ろしも加えて，厳選の 50 連発．

廣瀬雅代，稲垣佑典，深谷肇一

271 **サンプリングって何だろう**
統計を使って全体を知る方法

本体 1200 円

ビッグデータといえども，扱うデータはあくまでも全体の一部だ．その一部のデータからなぜ全体がわかるのか．データの偏りは避けられるのか．統計学のキホンの「キ」であるサンプリングについて徹底的にわかりやすく解説する．

虫明 元

272 **学ぶ脳**
ぼんやりにこそ意味がある

本体 1200 円

ぼんやりしている時に脳はなぜ活発に活動するのか？ 脳ではいくつものネットワークが状況に応じて切り替わりながら活動している．ぼんやりしている時，ネットワークが再構成され，ひらめきが生まれる．脳の流儀で学べ！

イアン・スチュアート／川辺治之訳

273 **無限**

本体 1500 円

取り扱いを誤ると，とんでもないパラドックスに陥ってしまう無限を，数学者はどう扱うのか．正しそうでもあり間違ってもいそうな 9 つの例を考えながら，算数レベルから解析学・幾何学・集合論まで，無限の本質に迫る．

松沢哲郎

274 **分かちあう心の進化**

本体 1800 円

今あるような人の心が生まれた道すじを知るために，チンパンジー，ボノボに始まり，ゴリラ，オランウータン，霊長類，哺乳類……と比較の輪を広げていこう．そこから見えてきた言語や芸術の本質，暴力の起源，そして愛とは．

松本 顕

275 **時をあやつる遺伝子**

本体 1300 円

生命にそなわる体内時計のしくみの解明．ショウジョウバエを用いたこの研究は，分子行動遺伝学の劇的な成果の一つだ．次々と新たな技を繰り出し一番乗りを争う研究者たち．ノーベル賞に至る研究レースを参戦者の一人がたどる．

濱尾章二

276 **「おしどり夫婦」ではない鳥たち**

本体 1200 円

厳しい自然の中では，より多く子を残す性質が進化する．一見，不思議に見える不倫や浮気，子殺し，雌雄の産み分けも，日々奮闘する鳥たちの真の姿なのだ．利己的な興味深い生態をわかりやすく解き明かす．

金 重明

277 **ガロアの論文を読んでみた**

本体 1500 円

決闘の前夜，ガロアが手にしていた第 1 論文．方程式の背後に群の構造を見出したこの論文は，まさに時代を超越するものだった．簡潔で省略の多いその記述の行間を補いつつ，高校数学をベースにじっくりと読み解く．